DU DRAINAGE.

ÉTAT, PROGRÈS ET AVENIR

DU

DRAINAGE

EN FRANCE.

DE SA PRATIQUE ET DE SON APPLICATION

DANS LE

DÉPARTEMENT DE LA MOSELLE,

PAR

LE Cte F. VAN DER STRATEN PONTHOZ.

Membre titulaire de l'Académie Impériale de Metz ;
Membre honoraire de la Société Agricole de l'Est de la Belgique.

METZ.

S. LAMORT, IMPRIMEUR DE L'ACADÉMIE IMPÉRIALE.

1853.

De se ipso nihil tenere, et de aliis semper bene et alte sentire......

Non est credendum omni verbo nec instinctui......

I. C : L. I. C, II, IV.

Quoiqu'il ait été beaucoup parlé du drainage, il reste bien des choses à en dire, et je laisserai, à ceux qui voudront encore s'en occuper, une large place.

Afin de ne point embarrasser la voie par de nouvelles et moins habiles dissertations, j'ai simplement résumé des opinions dignes de foi, appuyées de faits acquis; je suis allé même jusqu'à citer textuellement ce qui m'a semblé le plus *spécialement* utile.

Présenté sous la forme de *Communication* sur un art peu connu et regardé comme UNE DES PLUS GRANDES AMÉLIORATIONS CONTEMPORAINES, A COUP SUR, ET PEUT ÊTRE L'UNE DES PLUS GRANDES INVENTIONS DE L'AGRICULTURE (Payen), ce travail a pris le développement que réclamait son impression dans les Mémoires de l'Académie.

Que tous ceux dont les ouvrages m'ont fourni des matériaux reçoivent mes remercîments; quelques nombreuses que soient ici les idées empruntées à leurs écrits, il en reste de très-bonnes auxquelles j'engage fortement à recourir.

Bien que l'on ne puisse plus, j'espère, nier les bons effets du drainage, il ne faut pas les exagérer, et chacun devra étudier les moindres détails de sa pratique et consulter les hommes qui en ont déjà fait l'application.

On trouvera, dans ce court exposé, peu d'ordre et de suite, et beaucoup de répétitions; on me reprochera peut-être d'employer le mot *drain* tantôt en parlant de *tuyaux*, tantôt pour les *tranchées* et souvent pour les *saignées terminées:* tout cela ne doit faire qu'un, désormais, dans l'esprit des cultivateurs. Et si l'on se rend compte de la multiplicité de détails semblables, de la comparaison fréquente et toujours nécessaire de divers faits analogues, de l'emploi forcé d'un même mot résumant plusieurs pensées, l'on me tiendra compte de mes efforts.

Cte F. DE STRATEN PONTHOZ.

ÉTAT, PROGRÈS ET AVENIR

DU

DRAINAGE

EN FRANCE.

DE SA PRATIQUE ET DE SON APPLICATION

DANS LE DÉPARTEMENT DE LA MOSELLE.

(Extrait des Mémoires de l'Académie impériale de Metz, année 1851-1852; deuxième partie.)

. . . . Si humidus erit,
abundantia uliginis ante siccetur fossis.
(COLUMELLE.)

I.

Ce qu'est le drainage. — Drainage ancien ou assainissement; pierres perdues; aqueducs ou cours. — Drainage perfectionné; tuiles, tuyaux en terre cuite. — Sources. — Pluies. — Effets généraux.

Le drainage est une opération au moyen de laquelle on débarrasse les terres de l'excès d'humidité qui les rend naturellement moins productives, et l'on facilite partout l'infiltration des eaux pluviales à travers la couche végétale et le sous-sol. Aussi utile dans les prairies arrosées et dans les pâturages, que dans les terres arables et les jardins, il est connu depuis longtemps sous l'une de ses faces principalement. Il a été généralement pratiqué comme *desséchement* et *assainissement*, à l'aide de *fossés ouverts*, et par des *fossés couverts* dans lesquels on jetait des *pierres*, des *fagots*, voire même de la *paille* ou tous autres matériaux laissant entre eux des vides par où l'eau s'échappe vers les fonds inférieurs (Pl. I, Nos 1, 2). — Je ne parlerai pas des *fossés ouverts* qui ne produisent aucun effet s'ils ne sont très-profonds, occasionnent, dans ce cas, une grande perte de terrain, des frais considérables d'entretien, et mettent toujours des entraves à la culture.

On a remarqué que des vides irréguliers et discontinus favorisaient l'oblitération de ces *fossés couverts*, produisaient souvent des sources plus désastreuses que celles qui devaient être enlevées, et empêchaient l'asséchement complet, parce que l'écoulement de l'eau n'était point assez rapide. On avait peut-être observé, de plus, qu'ils n'établissent pas les courants d'air intérieurs dont l'effet est de maintenir les sols les plus compactes, comme les plus légers, en dessication, en moiteur ou même à une température élevée, selon qu'il pleut, qu'il fait chaud ou que le temps se refroidit. Aussi ceux qui voulurent perfectionner leurs travaux d'assainissement, pratiquèrent-ils, de tout temps également et chez tous les peuples, des *conduits souterrains de quelques pouces d'ouverture et uniformes autant que possible*, connus dans ce pays sous le nom d'*aqueducs* et de *cours*. Les *pierres maçonnées à sec*, les *fascines* ou *branchages supportés par des bois mis en croix*, les *gazons*, et plus tard les *tuiles courbes avec ou sans semelles*, y furent employés (Pl. I, Nos 3, 4, 5, 6, 7). Mais ces aqueducs, toujours irrégulièrement et défectueusement construits, présentèrent encore le grave inconvénient d'une prompte obstruction, parce que les terres glissaient à travers leurs larges et nombreuses fissures; ils entraînaient d'ailleurs, tant pour le *creusement des tranchées* que pour la *préparation*, le *transport* et la *mise en œuvre* des matériaux, à une dépense plus considérable encore que celle exigée par les *sacs à pierre.*

M. de Fellenberg a commencé par des travaux de ce genre la merveilleuse transformation de ses terres; M. Tessier, dans un rapport au ministre de l'intérieur en 1808, MM. Varennes de Fenille, Perthuis, Thaer, Olivier de Serres et d'autres s'en occupèrent beaucoup; les Romains, les Egyptiens connaissaient les fossés couverts garnis de pierres, et les Perses en faisaient usage en même temps que des *kerises.*

Les *tuyaux en terre cuite,* dont on retrouve aussi de très-anciens et rares vestiges chez nous, furent enfin adoptés et vulgarisés en Angleterre comme plus *efficaces* et plus *économiques,* et l'usage s'en répandit bientôt au loin[1]. Longs de 30 à 35 centimètres, ou un pied environ, leur diamètre doit varier, suivant la *nature,* l'*humidité* et la *pente* du sol, de 25 jusqu'à 80 millimètres. Ils se placent *bout-à-bout* l'un contre l'autre au fond des tranchées plus ou moins profondes et distantes les unes des

[1] M. Smith, de Deanston, est le premier qui ait employé les tuiles creuses, en Ecosse, peu avant 1833. Les tuyaux ne parurent guère avant l'exposition de Derby, en 1843.

Depuis la découverte de deux *drainages complets* dans le jardin d'un ancien couvent détruit à la révolution, plusieurs écrivains réclament l'invention du drainage en faveur de la France. Il est certain que les travaux exécutés par les moines de Maubeuge étaient *perfectionnés autant que possible.* Dans l'un, les tuyaux convergeaient à un *puits perdu,* dans l'autre ils étaient parallèles et aboutissaient à un *drain cellecteur* qui débouchait dans les caves, soit pour les besoins du couvent, soit pour s'échapper par les égoûts de la ville. Les tuyaux, *moins longs* que ceux employés aujourd'hui, étaient *beaucoup plus larges, faits au tour de potier,* et s'emboîtaient l'un dans l'autre. La date de ces travaux est

autres, en raison aussi du sol, de sa nature et de sa pente. Une *bague mobile,* ou *collier,* connue sous le nom de *manchon,* large de 4 centimètres et d'un diamètre qui permet d'y emboîter leurs extrémités, les maintient et prévient leur dérangement. Beaucoup de personnes suppriment ces manchons et posent simplement un *éclat de tuyau,* de *tuile* ou d'*ardoise* sur les *joints,* pour empêcher la terre de s'y introduire. Ce dernier procédé est plus compliqué et moins avantageux (Pl. I, Nos 8, 9, 10, 11).

Les sources qui, trop faibles pour se faire jour s'élevaient cependant à une certaine hauteur dans le sous-sol et la couche végétale où elles restaient croupissantes, celles qui, parvenues à la surface ne trouvaient d'issue que par une lente évaporation, une fois l'opération pratiquée, s'introduisent dans les tuyaux par les interstices forcément ménagés entre eux et s'écoulent promptement sur leurs parois unies, au lieu de suinter lentement à travers les coulisses et les cours. Elles entraînent avec elles les matières calcaires et ferrugineuses qu'elles déposaient peu à peu, dit M. Naville, sous l'influence de l'air et de la stagnation, pour former une couche d'ocre ou de tuf excessivement nuisible aux plantes. Le drainage ancien, comme celui plus récent d'Elkington, ne se préoccupait que de ces sources (Pl. I, No 12).

D'un autre côté, à mesure qu'elles tombent et qu'elles fondent, les pluies et les neiges s'infiltrent dans toute la

antérieure à 1620, époque à laquelle les registres du couvent constatent des inhumations faites au-dessus des drains. Il serait très-heureux que ce précédent stimulât les agriculteurs français. Je ferai cependant observer, pour rendre à chacun ce qui lui est dû, que le grand mérite des Anglais et de ceux qui les ont suivis, est d'avoir su simplifier une idée (qui leur appartient aussi) et une pratique que le tour de potier, en l'absence des couvents, n'aurait pas rendue bien générale.

couche arable et le sous-sol *devenu perméable*, et arrivent à ces mêmes tuyaux après avoir déposé sur leur passage une humidité suffisante et les substances fertilisantes qu'elles charriaient ordinairement dans les raies des champs ou sur les chemins.

Non-seulement les eaux surabondantes qui refroidissaient la terre et pourrissaient les bonnes plantes pour en développer d'autres très-nuisibles, sont enlevées, mais encore celles qui, chargées des salutaires influences atmosphériques étaient détournées avec soin dans les fossés, sont conservées et rendues très-utiles.

Voilà, en quelques mots, ce qui constitue l'*assèchement complet* connu sous le nom de *drainage;* tels sont ses effets généraux, d'où résultent les conséquences les plus avantageuses à la culture des terres et à leur production.

II.

Ce qu'on a déjà dit et fait. — Emploi des pierres aux chemins et des tuyaux pour les assainissements. — Congrès central. — Influence des grands propriétaires. — Congrès d'Arras, d'Orléans, etc., etc. — Travaux dans le département de l'Aisne; le Charmel. — Société de drainage dans le département de l'Oise. — Belgique; résumé d'opérations. — Nancy. — Metz.

Je n'ai pas l'intention de donner à l'Académie des idées qui me soient personnelles sur l'utilité du drainage, sur la manière de le pratiquer, sur les terrains auxquels il doit être préférablement appliqué.

Assez d'hommes compétents en ont parlé, et je puis me dispenser, sans scrupule, de rien ajouter à ce qu'ils ont dit. La question a été envisagée par eux dans tous ses détails; ce serait prendre une peine superflue et augmenter l'embarras des praticiens, que de chercher à reproduire leurs pensées sous une forme nouvelle.

Encourager des essais de drainage et empêcher qu'une innovation salutaire ne tourne en déception, tel est mon seul but. Le moyen le plus sûr d'y parvenir est de montrer combien on s'occupe déjà en France de ce système de fertilisation, et de mettre ensuite chacun au courant de ce qui s'est publié de plus important, afin de prévenir les tristes conséquences de théories qui ne seraient point basées sur une intelligente pratique et sur l'expérience.

Si je commence par rappeler, incidemment, des lettres écrites il y a déjà quelque temps, c'est uniquement pour constater l'origine du drainage dans le département de la Moselle, et pour montrer, aussi que je n'ai pas engagé dans une fausse voie ceux qui ont bien voulu m'accorder quelque créance et se livrer à l'étude d'une amélioration agricole des plus considérables. C'est, enfin, pour attirer plus de confiance aux tentatives que je renouvelle, en les plaçant aujourd'hui sous la protection de l'Académie.

Le 16 juillet 1850, un journal de Metz reproduisait, entr'autres, ces lignes: « L'utilité du drainage est re-
» connue par tous les hommes qui raisonnent un peu
» les opérations agricoles ; quelques-uns, seulement,
» s'attachant au dehors plus qu'au fond des choses,
» conservent encore et propagent au sujet du *drainage*
» *perfectionné,* une défiance d'autant plus funeste, qu'elle
» vient renforcer de vieilles et routinières pratiques chez
» beaucoup de cultivateurs.

» .... Dès le 23 décembre 1849, le Comice agricole
» de Metz mettait la question du drainage à l'étude, et
» s'en occupait spécialement dans sa séance du 17 février.
» Il s'est adressé, depuis, à M. le Ministre de l'agriculture,
» afin d'obtenir, à titre d'encouragement, une subvention

» pour l'achat de machines destinées à fabriquer écono-
» miquement des tuyaux.

» Le département de la Moselle comptera désormais,
» parmi ceux qui s'occupent assidûment des intérêts les
» plus vrais de la société entière, des intérêts agricoles.
» L'emploi du drainage, dans un pays où le sol le réclame
» si impérieusement, sera marqué dans quelques années
» par des résultats analogues à ceux obtenus par la
» culture des prairies artificielles. Cependant, il doit être
» conseillé *avec beaucoup de prudence, afin d'épargner*
» *les déboires et le désillusionnement* à ceux qui ne réussi-
» raient point dans une première et trop vaste entreprise,
» que le défaut de pratique joint à l'imprévu des saisons
» peut contrarier beaucoup.

» C'est pour faire comprendre l'opération du drainage
» dans tous ses détails, aux personnes sérieuses qui vou-
» draient en faire des essais peu dispendieux, que j'ai
» signalé parmi les meilleurs ouvrages sur cette matière,
» MM. Jules Naville, de l'*Assainissement des terres et du*
» *Drainage;* Paris, in-12, 1 fr. 25 cent.; — Mertens (le
» baron), *Faits et Observations sur le Drainage;* Bruxelles,
» in-8°; — de Gourcy et de Tocqueville, Stephens, *Ma-*
» *nuel pratique du Drainage;* Londres, Paris et Bruxelles;
» — Thackeray, *Philosophie et Art du Drainage;* Paris,
» in-8°, 2 fr. 50 cent.

» Le manuel de Stephens est le traité le plus concis,
» le plus complet, le plus indispensable qui existe jusqu'à
» présent. Traduit par M. d'Omalius Thierry, il a été édité
» par le gouvernement belge et ne coûte que 1 fr. 10 c.,
» ce que l'on paie la plus petite, la plus insignifiante
» brochure.

» Cet ouvrage renferme toutes les notions historiques
» et pratiques du drainage; il donne des planches repré-
» sentant des travaux terminés et ceux à exécuter, soit

» en *pierres* et en *tuiles*, selon l'ancien système, soit en » *tuyaux;* des tableaux synoptiques indiquant le prix de » ces travaux par mètre courant et par hectare ; des » figures représentant la forme des tuiles, des tuyaux et » des instruments divers en usage pour le creusement » des tranchées ; la profondeur et l'espacement de celles- » ci en raison de la nature du sol et de sa déclivité, en » un mot, toutes les indications nécessaires pour pro- » céder, avec de grandes chances de succès, à cette » importante opération. »

Je redoutai, je l'avoue,—et beaucoup de personnes me comprendront, — la trop prompte et trop légère mise en pratique, d'une innovation qu'on n'avait point encore eu le temps d'étudier dans tous ses détails. Elle devait rencontrer de nombreux détracteurs à cause de son origine étrangère ; et le moindre insuccès, soit dans la fabrication des tubes, soit dans leur débit, soit dans l'opération matérielle et dans ses résultats, pouvait la compromettre à tout jamais.

« Quand on veut réussir à faire adopter une innova- » tion quelconque, une innovation agricole surtout, dit » M. Leclerc, on ne saurait être trop circonspect ni en- » tourer les premiers essais de trop de précautions. Car » une seule expérience infructueuse suffit souvent pour » jeter le discrédit sur un système nouveau et pour faire » reléguer, dans le domaine des utopies, l'amélioration » la plus utile. »

Aussi, disais-je en terminant mes premières communications au sujet du drainage : « Je ne veux pas proscrire » entièrement l'emploi des pierres et le vieux mode » d'assainir les terres. Je sais parfaitement que pour » beaucoup de cultivateurs qui ne comptent ni leurs » peines ni la journée de leurs domestiques à gages, ni » l'emploi de leurs chevaux, l'usage des pierres paraîtra

» toujours plus économique, surtout lorsqu'elles seront » à portée. Mais, celui qui calcule son temps, règle ses » travaux et ses occupations ; celui qui, chaque jour, » place en ligne de compte l'emploi de ses gens, de ses » chevaux, de ses chariots et de ses outils, verra qu'un « aqueduc en pierres coûte plus, à lui seul, qu'un drainage » en tuyaux et de bons chemins ensemble, en supposant » que les pierres soient affectées à l'entretien ou à la » confection de ces derniers. »

Au congrès central d'Agriculture de 1850, il avait été parlé du drainage, pour la première fois, d'une manière complète et bien capable d'en faire apprécier l'efficacité et comprendre, jusqu'à un certain point, l'exécution.

« Assainir et irriguer sont évidemment les deux ques- » tions vitales de l'agriculture, et les peuples qui se sont » le plus adonnés aux sciences agricoles se sont occupés » de l'un aussi bien que de l'autre, disait M. de Veauce, » l'un des premiers qui aient essayé le drainage en France. » Sans entrer dans tout le système de la végétation, et » nous occuper des questions physiques qu'elle entraîne, » nous pouvons dire ceci : c'est que *rien ne peut produire* » *sans eau* et que *trop d'eau est un obstacle à toute pro-* » *duction.*

» Laisser jouir la terre de l'eau qui lui est nécessaire, » la laisser s'enrichir des sédiments que la pluie ou les » irrigations déposent dans son sol en se filtrant à travers, » et lui procurer, à une certaine profondeur, une issue » par où elle puisse s'écouler tout en laissant jouir le » cultivateur de la totalité superficielle de son champ, » tel est l'objet du drainage.

» Un des obstacles qui avaient empêché longtemps le » drainage de faire des progrès, était l'impossibilité où » l'on se trouvait, dans bien des contrées, de pouvoir » se procurer assez de pierres pour combler le fond des

» drains, ou encore le prix énorme auquel en revenait » le transport. Mais cet obstacle n'existe plus depuis que » les Anglais ont inventé des machines au moyen des» quelles on fabrique en terre, comme la brique et la » tuile, depuis six cents jusqu'à quinze cents tuyaux de » 33 centimètres de longueur sur 25 à 30 millimètres de » diamètre. »

Au Congrès scientifique de Nancy, en septembre (j'insiste sur ces faits parce que la grande publicité et les développements donnés à certaines questions nouvelles, dans ces assemblées nombreuses formées de personnes éclairées venues de tous les côtés, produit un effet considérable), au congrès de Nancy, M. Naville, dont le nom s'est fait connaître par d'importants travaux d'assainissement et d'irrigation, tant en Suisse que sur les bords de la haute Moselle, exposa longuement tous les avantages du drainage et prouvant que les 1000 mètres courants en terrains ordinaires ne coûtent que 150 fr. environ[1], il détruisit l'opinion qui le suppose excessivement cher.

Il assura, avec l'autorité qu'il s'est justement acquise, qu'à la suite du drainage la température entière d'un pays pouvait être changée, puisqu'en Ecosse où cette pratique est très-générale, on avait obtenu une diminution de froid égale à celle que produiraient 6 à 700 mètres de moins dans l'élévation au-dessus du niveau de la mer[2].

L'impulsion était donnée, le mouvement s'étendait et le drainage envahissait le sol de la France comme il s'était emparé de l'Angleterre, comme il domine maintenant la Belgique.

[1] On verra que ce chiffre, très-éloigné de ceux fournis par MM. de Scitiveaux et de Lignéville, est normal dans la plupart des cas.

[2] Il a été observé, en Ecosse, que cette influence se faisait sentir jusque sur les fièvres et les maladies qui disparaissent à la suite d'un drainage général et étendu.

Le Congrès central de 1851 vit des délégués de toutes les parties du pays se faire inscrire dans la commission chargée d'en étudier la marche [1], chacun y apporta les idées et les faits recueillis dans son département, pour prendre en échange les notions venues d'autres régions. L'Académie ne trouvera pas mauvais que je signale les noms des adhérents que le drainage s'est faits en si peu de temps, et les lieux où il est maintenant connu, afin de faire préjuger qu'elle est sa destinée probable, c'étaient : MM. de Gourcy, *président,* Indre-et-Cher ; — de Lyonne, *vice-président,* Seine-et-Marne ; — de Coulogne, *secrétaire,* Cher ; — de Veauce, *id.,* Allier ; — de Straten-Ponthoz, *rapporteur,* Moselle et Belgique ; — Eschasseriaux, Charente-Inférieure ; — Salvat, Loir-et-Cher ; — de Rougé (Louis), Aisne et Pas-de-Calais ; — de Perrieu ; — de Rougé (Armel), Haute-Garonne ; — de Nicolaï, Sarthe ; — de Guebriant, Côtes-du-Nord et Finistère ; — de Sussex, Seine ; — de Chambure, Seine ; — Bouthor (Hect.), Oise ; — Pigeon, Seine-et-Oise ; — de La Rochefoucault - Liancourt, Paris ; — de Nabat, Cantal ; — Mourgues-Carrère, Lot-et-Garonne ; — Delesse, Haute-Saône ; — de Maillé, Cher ; — d'Imécourt, Meuse ; — de Montagu, Seine-et-Loire ; — Oudet-Errat, Loiret ; — Faurax, Yonne ; — Martinet, Loir-et-Cher ; — d'Osmont, Seine-et-Oise ; — de Saint-Seine, Saône-et-Loire ; — Dureud, Eure ; — Foucault (Camille), Mayenne ; — de Pinteville, Marne ; — Gareau (Émile), Seine-et-Marne ; Institut de Versailles ; — Lupin, Cher ; — Crespel (Tiburce), Pas-de-Calais ; — Quesnard, Loiret ; — de

[1] Au Congrès précédent il n'y avait qu'une dixaine de membres dans la commission de drainage. Ce nombre s'éleva à plus de quarante-deux. Liste tirée des comptes-rendus, v. Congrès central 1851, 8e et dernière session, p. 548.

Truchy, Yonne ; — Duclos Dutfoy, Seine-et-Marne ; — de Thieffries, Nord ; — Fleurimond (l'abbé), Vienne ; — de Vigneral, Orne ; — de Montreuil, Eure ; — Nerée Boubé, Ariége ; — et plusieurs autres qui prirent une grande part aux discussions en assemblée générale.

Que fait, diront peut-être certaines personnes, que fait cette nomenclature à l'avenir du drainage ? En France, il ne suffit pas, sans doute, que quelques noms s'adonnent, comme en Angleterre, aux meilleures méthodes de culture ; la propriété étant très-divisée, il faut que les améliorations, pour être réellement salutaires, soient adoptées par le plus grand nombre. Mais n'oublions pas que les exemples venus d'en haut ne sont jamais perdus et que les principes en matière de servitudes et d'enclaves, pour l'écoulement des eaux, sont un grand obstacle aux essais de drainage sur les petits domaines. Pour s'affranchir de cet obstacle, le cultivateur a réellement besoin d'une impulsion qui ne lui sera donnée que par des travaux bien entendus et faits avec économie chez le grand propriétaire.

Personne, au milieu de la nombreuse assemblée du Luxembourg, n'a mis en doute l'efficacité et les succès du drainage, bien que l'état atmosphérique de la France ne soit pas le même que celui de l'Angleterre où de fréquents brouillards entretiennent une permanente humidité ; on ne s'est préoccupé que des dispositions à prendre pour le rendre plus général.

Après avoir signalé les travaux de M. le duc d'Escars, en 1844, ceux de M. Thackeray et de M. Dumanoir, en 1846 et 1849, de MM. Lupin, de Veauce, Valter ; et enfin, de M. Emile Gareau, en 1848 [1], j'ai cru rendre exacte-

[1] M. Gareau a exécuté, en 1851, des travaux considérables chez

ment la pensée de la Commission, en ces termes, que le Congrès sanctionna par ses vœux: « Tous les esprits sé-
» rieux cherchent à l'envi les meilleurs moyens de pro-
» pager le drainage, et le Congrès sera peut-être appelé
» à calmer le zèle de ceux qui pourraient compromettre
» son succès, par une mauvaise exécution en cherchant
» à le faire marcher trop vite. Les idées nouvelles ont
» toujours rencontré une grande faveur chez des hommes
» de cœur et d'intelligence qui ne calculent jamais les
» chances de revers!

» Deux systèmes se sont produits pour favoriser l'ex-
» tension du drainage. L'un, c'est celui qui veut aller
» très-vite, réclame l'intervention directe de l'État par
» des prêts déterminés, soit à des compagnies, soit à
» des particuliers. Ces avances devaient être remboursées
» en annuités prélevées par le receveur des contributions.
» L'autre, plus modeste, mais aussi beaucoup plus sûr,
» ne réclame encore que la protection du Gouvernement.

» Le premier de ces systèmes est basé sur les idées
» anglaises; ceux qui le prônent ne veulent pas voir qu'il
» y a entre les mœurs, les habitudes, les caractères et
» surtout *les institutions territoriales et sociales des deux*
» *pays,* une différence telle, que, ce qui peut se faire
» de l'autre côté de la Manche n'est pas applicable ici.

» Non-seulement votre commission croit mauvais le
» privilége spécial en faveur de telle ou telle compa-
» gnie, mais encore il lui a paru dangereux d'immiscer
» directement l'État dans une opération qui, pour être
» appréciée, est cependant peu connue du plus grand
» nombre.

» La commission n'a pas cru devoir acquiescer davan-

M. Pescatore, à la Selle-Saint-Cloud; le Congrès s'y est transporté, et l'on a pu voir les tranchées et les tuyaux que les ouvriers plaçaient.

» tage à la demande qui était faite, de l'intervention » directe de l'État par une première avance de dix » millions[1].

» Elle s'est renfermée dans le mode qui assure aux » amis de l'agriculture et aux associations particulières, » une entière liberté d'action avec la protection du gou- » vernement.

» La propriété est tellement divisée en France, qu'à » chaque pas on met le pied sur le sol d'un voisin. Com- » bien de contestations s'élèveront d'abord, tant à cause » des travaux à exécuter, que par suite des eaux qu'il » faudra verser sur les fonds inférieurs[2]?

» Le drainage se propagera avec des chances plus cer- » taines de succès, lorsqu'il se sera fait connaître dans » tous ses détails par une pratique éclairée et prudente.

» La lenteur qu'il mettra dans sa marche, le rendant » plus populaire, le fera passer dans les habitudes de » la campagne et obtiendra, des propriétaires voisins, » toutes les concessions qu'une brusque et trop large » application n'arracherait pas, même en justice. On se » soumettra facilement alors aux dispositions légales qui » devront être prises pour régler les servitudes de pas- » sage et d'écoulement des eaux. Alors aussi les compa- » gnies et les associations particulières pourront utilement

[1] A la même époque, le Conseil supérieur d'agriculture de Belgique réclamait du gouvernement une subvention pour le drainage. Il fut accordé, à cet effet, par arrêt royal du 6 juin 1851, un crédit de 75000 francs. En Belgique, le drainage est déjà passé dans les habitudes agricoles et n'est pas une industrie comme il eût pu le devenir en France. De plus, le gouvernement a un agent chargé de surveiller les opérations subsidiées, ce que le Congrès ne voulut pas admettre.

[2] Les lois actuelles et celle du 29 avril 1845, seraient suffisantes pour régler ces différents ; mais elles ne sont pas formelles pour l'objet en question, et prêteraient à des contestations fréquentes.

» intervenir; elles agiront avec d'autant plus de succès » qu'elles exerceront, en même temps, sur une plus » grande surface et avec une connaissance plus appro- » fondie des sols et des habitudes locales. »

Le Congrès réclama de nouveau la sollicitude du gouvernement pour le drainage et demanda simplement : 1º la publication d'un *Manuel pratique*, 2º des *encouragements* et *subventions* aux sociétés d'agriculture, pour l'achat de machines à fabriquer les tuyaux et d'instruments destinés au creusement des tranchées, 3º de *grands fossés de vidange* dans les plaines.

Le Congrès tenu à Arras au mois de mai, celui d'Orléans au mois de septembre, se sont occupés longuement aussi du drainage et depuis un an beaucoup de travaux importants ont été menés à bonne fin.

La Société ou Comice agricole de Compiègne a fait l'acquisition de machines Ainslie et, — grâces aux soins actifs de MM. le comte de Tocqueville, le duc de Mouchy, et Vitard, agent-voyer en chef, — le département de l'Oise a fondé une association agricole de drainage établie sur de larges et solides bases [1]. Cette société se charge de faire exécuter les travaux: plusieurs propriétaires ont eu recours déjà à son intervention.

Dans le département de l'Aisne, M. le comte Louis de Rougé a fait drainer, à la suite des Congrès de Paris et d'Arras, environ 40 hectares, sous la direction de M. Thackeray et de la compagnie anglaise qui a envoyé au Charmel M. Parkes, ses ouvriers et une machine pour fabriquer les tuyaux sur place [2].

[1] *Traité sur l'aménagement des eaux en général, sur les irrigations et sur le drainage*, 3e édition; statuts de la Société, par M. Vitart; Beauvais, 1852. Deux nouvelles machines ont été achetées récemment.

[2] M. de Rougé a adopté la machine Ainslie, modifiée par M. Thackeray

Les résultats obtenus par M. de Rougé ont été complets. Il me mandait, pendant les grandes chaleurs qui ont fait craindre un moment pour les moissons : « Le » temps fait souffrir beaucoup toutes les récoltes; mais » s'il pleuvait un peu le mal serait réparé. Il y a, toutefois, entre les terres drainées et les autres une très-» notable différence: les premières restent *meubles* tandis » que les secondes sont *dures comme de la roche.*

» Le même effet se remarquait en hiver pendant les » quelques jours de gelée que nous avons eus. Dans » les parties drainées le pied sentait qu'il portait sur un » *terrain remué,* cultivé comme sur une plate-bande de » jardin; dans les parties non drainées il sentait, au » contraire, une terre profondément gelée et aussi ferme » qu'un *banc de pierre*[1].

» Quant aux résultats appréciables à l'œil nu ils sont » énormes : tout le monde peut les voir et les juger.

» Ainsi, *enlèvement complet de l'eau stagnante; absorb-» tion de l'eau tombant du ciel, assez rapidement* pour » que jamais, dans aucun cas, on n'en trouve après deux » ou trois heures. »

M. Ch. Gomard de Saint-Quentin a fait, sur les intéres-

et confectionnée par M. Laurent, rue de Lancry, à Paris : il a fait plus de 200000 tuyaux et une grande quantité de briques sans qu'elle ait eu besoin de réparation.

[1] Cet effet est des plus remarquables. D'après le docteur Sac et l'appréciation de chacun, les terres fortes retenant beaucoup d'eau, celle-ci en passant à l'état de glace augmente tellement de volume qu'il soulève de toutes parts la superficie de la terre avec les plantes qu'elle porte. Quand le dégel survient, la glace repassant à l'état liquide tombe avec la terre qu'elle imbibe; survient-il deux ou trois dégels successifs, les végétaux sont bientôt déracinés. Cette curieuse action se voit sur une échelle immense lorsqu'on observe les froments d'automne après un hiver doux et pendant lequel les dégels se succèdent. (V. Naville, p. 17.)

sants travaux du Charmel, un rapport qui mérite d'avoir sa place au milieu de tous les traités de drainage [1].

Le dernier relevé statistique adressé au Ministre de l'intérieur, en Belgique, par M. Leclerc, ingénieur préposé à la direction du drainage, constate que, dans le courant de l'année 1851, il a été drainé 566 hectares, non compris ceux qui n'ont pu être officiellement signalés, et que plus de 1788882 tuyaux ont été vendus.

Vingt-deux comices agricoles et vingt-deux propriétaires ont réclamé les soins de M. Leclerc; cent soixante et une personnes ont travaillé elles-mêmes, avec ou sans son concours. Le gouvernement est intervenu pour la minime somme de 2185 fr. 74 c. seulement, dans vingt-deux opérations faites à titre d'essais et comprenant ensemble 14 hectares 75 ares. M. Leclerc cite les travaux exécutés, sur 45 hectares, chez M. Waroqué de Mariemont (Pl. II, III, IV), comme les plus complets qu'il ait conduits jusqu'à présent. Il développe, à cette occasion, toute la théorie du drainage *dans ses derniers perfectionnements :*

Profondeur moyenne des tranchées : 1 mètre 20 centimètres. — *Espacement :* 10 à 13 mètres dans le *limon hesbayen ;* 8,50 à 9,50 dans le *sable glaiseux.*

Les tuyaux employés pour les *drains de desséchement* sont de 25 à 30 millimètres, et *maintenus par des manchons.* — Le minimum des *pentes* est de 2 ½ à 3 millimètres par mètre ; — leur plus grande *longueur* est de 125 à 135 mètres ; à partir de cette distance M. Leclerc augmente le diamètre des tuyaux et le porte à 35 millimètres, s'il ne met pas de drains collecteurs intermédiaires.

Les tuyaux *collecteurs* ont de 50 à 80 millimètres

[1] Journal l'*Illustration*, 30 août, 9 septembre et 11 octobre 1851.

suivant la pente et la longueur des petits drains qu'ils égoûtent; 50 millimètres suffisent pour écouler l'eau de 1 ½ hectare, 60 millimètres pour 1 ½ à 2 ½ hectares, 80 millimètres pour 2 ½ à 3 ½ hectares.—Quelquefois les *collecteurs* eux-mêmes n'ont que 35 millimètres. — La *longueur des drains collecteurs* ne dépasse point 250 mètres; leur *profondeur* est de 6 à 8 centimètres plus grande que celle des drains de dessèchement. — Les tuyaux de 50 à 80 millimètres s'emploient toujours sans manchons.

Le travail est exécuté à la tâche, par brigade de quatre ouvriers.—Il a été payé 7 centimes par mètre courant de saignée, les tuyaux posés et recouverts de 30 centimètres de terre parfaitement tassée; le surplus de la tranchée se remplit au moyen de la charrue [1]. Quatre hommes peuvent faire, en douze heures, 150 à 160 mètres courants de tranchées si la terre se coupe facilement.—Un ouvrier adroit peut poser 350 à 400 tuyaux en une heure.

M. Leclerc a employé de 2762 à 3498 tuyaux par hectare, et en moyenne 3410, dont 2659 pour les *drains de dessèchement* et 751 pour les *drains collecteurs*. Il compte, en moyenne, 1023 mètres courants de tranchées par hectare; — le prix a été de 18 centimes par mètre courant et de 182 fr. 85 c. par hectare [1].—Les frais sont faits par le propriétaire auquel le fermier paie 10 fr. de plus annuellement par hectare, ce qui correspond à un intérêt de 5 1/2 p. % de la dépense totale.

Sans aller chercher de bons exemples si loin, nous avons lu dans l'*Espérance* de Nancy le 3 janvier 1852 et

[1] M. Lupin a payé 15 centimes par mètre dans un sous-sol assez compacte et mêlé de pierres, pour la tranchée seulement, et 12 1/2 dans les terrains faciles. Il a payé 210 fr. par hectare.

dans le *Bon cultivateur:* « M. de Scitivaux qui a étudié
» en Angleterre les principes du drainage et son application, et qui en a rapporté les modèles d'outils, l'a
» pratiqué à Remicourt (près Nancy) cet automne, sur
» un hectare de terre très-argileuse, et il l'exécute, en
» ce moment, dans des prés humides. M. de Lignéville,
» à Villers-lès-Nancy, a suivi l'exemple de son voisin et
» a drainé une partie de son jardin.

» Ces deux propriétaires ont pleinement réussi; les
» lignes de drain qu'ils ont établies jettent toutes de l'eau
» avec abondance et chez M. de Lignéville elles ont, en
» sus, l'avantage d'*accroître les pièces d'eau qui ornent*
» *son jardin.* Si la dépense de leurs opérations dépasse
» un peu les prix indiqués, c'est que d'une part, les ouvriers au courant de cet ouvrage n'existent pas encore
» et que l'absence de machines à tuyaux a nécessité des
» arrangements assez onéreux avec un fabricant de corps
» de fontaine des environs.

» Malgré ces désavantages, les frais de drainage chez
» M. de Scitivaux n'ont pas dépassé 40 centimes le mètre
» courant; et chez M. de Lignéville ils ont été de 75 centimes, à raison de la grosseur des tuyaux. »

Comme on vient de le voir, ces prix ne doivent pas servir de base à des travaux de drainage dans des circonstances ordinaires; sur cinquante-huit opérations dont les résultats sont officiellement constatés en Belgique au 31 décembre 1851, trois seulement avaient atteint ce chiffre: encore avaient-elles été exécutées en 1849 et 1850 lorsque les notions sur le drainage étaient peu répandues, et les instruments et les tuyaux très-rares.

La Société centrale d'agriculture, à Nancy, a fait venir la machine Whitehead. Son travail a été reconnu l'un des plus parfaits par M. Lupin qui l'a employée dans le département du Cher.

Le Comice agricole de Metz en a fait également la commande [1].

III.

Pratique du drainage. — Considérations générales. — Terrains où il doit être employé. — Ados ou billons. — Terres fortes et légères. — Signes extérieurs. — Inertie des engrais dans les sols humides. — Effets généraux. — Température changée. — Rosées. — Evaporation. — Calculs intéressants. — Question qui résume tout le drainage. — La terre ne peut être brûlée. — Expériences à ce sujet. — Chaleur nécessaire pour l'évaporation. — Quantité d'eau qui passe dans les tuyaux et refroidit la superficie en réchauffant l'intérieur. — Capillarité.

Le moment est donc arrivé de s'occuper sérieusement du drainage dans le département de la Moselle. L'on en parle depuis assez longtemps pour qu'il y soit facilement compris de tout le monde, et les bons effets qu'il a produits ailleurs sont garants de ceux que nous pouvons en obtenir.

Bien qu'il ne faille pas proscrire *entièrement* l'ancien mode d'asséchement, car, ainsi que je l'ai dit plus haut, il est des localités où il sera encore fort utile; et certains cultivateurs le préféreront toujours, par cela seul qu'il se rapproche des anciennes habitudes; l'Académie, fidèle à ses traditions, prêtera son énergique concours au drainage perfectionné. Elle voudra, en préconisant une des belles inventions des temps modernes, et qu'elle a inscrite au programme de ses prix, montrer tout son zèle et sa grande sollicitude pour l'art agricole.

[1] Cette machine est arrivée et fonctionne très-bien. Plusieurs milliers de tuyaux ont été vendus.

En principe, le drainage est utile dans tous les terrains; lorsqu'il est judicieusement appliqué, il rétablit l'équilibre entre des sols que la nature et ses lois avaient mis et tenaient dans des conditions de production fort inégales.

S'il est plus indispensable dans les uns que dans les autres, et je me hâte de ne le conseiller d'abord que dans des terrains qui ne peuvent pas s'en passer, partout où l'on verra une culture en *ados* ou *billons élevés,* comme est celle de ce pays, on ne risquera pas de se tromper en le proclamant nécessaire (Pl. I, N° 12). La culture en *ados* ayant pour but de débarrasser le sommet du champ, R, de l'humidité trop grande que le sous-sol ne peut absorber, pour la concentrer dans les entre-deux, A et B, ceux-ci deviennent en quelque sorte de larges fossés ouverts, la plupart du temps improductifs [1] : l'effet du drainage sera d'établir le point R en C, et les fossés ou entre-deux à 1 mètre 20 ou 1 mètre 30 centimètres sous terre, en E, F, H, I, plaçant ainsi toute la couche végétale du champ dans les conditions favorables de production où se trouvait seulement sa partie la plus élevée.

En Angleterre, les fermiers conseillent de laisser les terres, même les plus fortes, entièrement planes et sans billon après le drainage, non-seulement afin de pouvoir exécuter les labours et les hersages plus facilement et dans tous les sens, mais pour obtenir tous les bons effets de l'assèchement. Parkes, que j'aurai souvent l'occasion de citer, fait aussi cette recommandation : « Bien que je » ne sois pas un agriculteur de profession, dit-il, je n'en » recommanderai pas moins aux cultivateurs de tenir leur

[1] Il ne faut pas confondre ces ados *permanents* avec les billons faits *momentanément,* pour favoriser le développement de certaines plantes.

» sol entièrement plat après un drainage efficace. Beau-
» coup d'excellents praticiens qui exploitent des argiles
» très-mauvaises, regardent comme très-nuisible à un
» bon drainage, le moindre pli du terrain. »

Pour peu que l'on se rende compte de la manière dont les eaux extérieures pénètrent jusqu'aux drains (Pl. I, N° 12), on comprendra que, l'*ados* subsistant, elles auront deux directions à suivre : 1° la ligne perpendiculaire, RCDL, qui les attire dans le sol ; 2° les lignes de plus grande pente, RA, RB, qui les entraînent dans les entre-deux ; or, comme elles ne pourront filtrer assez promptement dans le sol, surtout s'il est un peu tassé, elles couleront encore à la surface comme par le passé, et se réuniront dans les entre-deux d'où elles ne pourront pénétrer qu'en petite quantité dans les drains. Le bon effet devant résulter de la filtration dans toute la couche CM ou DN, sera donc en grande partie perdu, et les drains recevant des eaux très-chargées de *limon*, s'engorgeront plus facilement.

Par la même raison qui me fait dire que les terres planes profitent du drainage plus que les terres en ados, je concluerai qu'il est excessivement utile dans les terrains forts et en pente ; à la suite du drainage, l'eau se trouvant contrariée dans son mouvement, par la facilité de prendre la perpendiculaire, entrera dans le sol et donnera quelques gouttes de plus aux couches inférieures.

Les terres fortes, celles qui sont constamment humides, sur lesquelles restent des flaques d'eau ou dans lesquelles des trous creusés se remplissent bientôt, celles encore qui très-mouillées pendant l'automne et l'hiver, se dessèchent, se durcissent et se crévassent sous les influences des hales, du vent et du soleil, le réclament impérieusement.

Le drainage peut produire d'excellents résultats dans les terres légères dont le sous-sol est imperméable. Si elles sont brûlées en été, les drains deviennent des réservoirs d'humidité et de moiteur attirée par la capillarité et qui empêche la trop grande sécheresse (Stephens).

Certaines plantes, les joncs, les roseaux, les laiches, les prêles, les mousses, les carex et les renoncules; des herbes grossières et rougeâtres ; des arbres maladifs et mousseux lorsque leur nature est de croître en terrain sec, ceux qui aiment l'humidité mais paraissent malingres ; l'eau des neiges séjournant à la surface du sol ; la gelée formant sur les billons une légère croûte de glace qui s'attache autour des jeunes plantes de blé et les déracine, tous ces indices dénotent ordinairement des terres qui réclament le drainage.

« Le roseau pousse-t-il sans la vase, et le jonc sans l'eau ? » (Job. VIII.)

« Combien de fois n'ai-je pas entendu dire par des
» cultivateurs, avec désespoir : Nous ne savons comment
» faire, nos terrains sont si forts, si argileux, que nous
» ignorons toujours quand et comment les labourer. En
» effet, si on s'y prend trop tôt, la terre est tellement
» dure et serrée que l'on y perd son temps, ses instru-
» ments et ses forces Si l'on attend trop tard, les pluies
» viennent, elles saturent la terre, la rendent humide et
» pâteuse, les attelages s'y enfoncent......... Quand les
» semailles sont faites dans des conditions pareilles, il est
» rare qu'elles réussissent. » (Naville.)

« Quand un sol est saturé d'eau, les plantes de pre-
» mières classes n'y peuvent pas fleurir, elles y végètent
» plus ou moins imparfaitement jusqu'à ce que la quantité
» de l'eau soit assez diminuée pour que cela convienne
» aux habitudes de ces plantes. » (Thackeray.)

Les engrais ne se décomposent pas dans les terres froides, humides et compactes; il leur faut de l'air et de la chaleur pour s'assimiler aux plantes. La chaux y produit peu d'effet, de même que les autres amendements, tels que les cendres, les tourteaux, les os broyés, etc. Ajoutez, ce que j'ai déjà dit, que les eaux intérieures et stagnantes renferment presque toutes des principes très-nuisibles à la végétation et qui finissent par former peu à peu des couches d'ocre et de tuf. Elles ne peuvent, dans l'état ordinaire de ces sols, être enlevées que par l'évaporation, et pour peu que les pluies en augmentent le volume, l'action même du soleil devient impuissante. Si cette action triomphe, alors la terre se durcit, se crevasse et devient impropre aux fonctions que la nature lui a départies. Non-seulement les racines des plantes se déchirent et ne peuvent plus se développer, mais les pluies bienfaisantes ne font que glisser sur cette croute ou pénètrent tout au plus à quelques pouces.

« L'eau a un mouvement constant d'ascension de la » terre dans l'atmosphère, et de descente de l'atmosphère » dans la terre. » (Naville.)

Le drainage active et régularise ce double mouvement: les tuyaux entraînent, comme je l'ai dit, l'excès des eaux intérieures qu'ils empêchent de s'élever au-dessus des plans d'écoulement; ils emmènent le surcroît des pluies, et laissent dans toute l'épaisseur de la couche qui se trouve entre eux et la surface, l'humidité indispensable à l'action de la lumière, des vents et des rayons solaires, au jeu de la capillarité et de l'évaporation.

La température intérieure du sol se trouve complétement modifiée; le soleil, sans effet auparavant sur un terrain trop humide, et nuisible sur un terrain violemment desséché, devient bienfaisant.

La terre n'étant plus durcie à la surface, les rosées sont plus abondantes; la couche arable se trouve échauffée, dans les sols froids, de 6 $\frac{1}{2}$ degrés en été, selon Madden, de 5,5 degrés, selon Leclerc, et rafraîchie dans les sols légers et secs. Un air humide circule dans les tuyaux devenus autant de ventilateurs, et se trouve constamment appelé dans toute l'épaisseur drainée, par le mouvement d'ascension capillaire et d'évaporation.

C'est là ce qui fertilise les sables du Chili où la pluie est si rare, c'est là ce qui rend si beaux les arbres d'Afrique. Il n'y a pas de rosée sur les sols humides (Leclerc), il y en a peu sur les sols durcis. « L'*irradiation* de la chaleur » s'effectue bien plus largement sur les surfaces divisées » que sur les surfaces unies. » (Thackeray.)

Il faut voir les observations intéressantes de Wells au sujet de la rosée, pour comprendre le jeu de cet agent fertilisant qui produit quelquefois de si grands malheurs dans les sols froids et humides où il se transforme en brouillard.

« L'excédant de l'eau dans une juste proportion ne » peut être réduit naturellement que par son évaporation » graduelle; c'est-à-dire que sa conversion en vapeur, sa » transition à l'état fluide, à l'état aériforme, est accom- » pagnée par l'absorption d'une grande quantité de » calorique du sol en contact. On a constaté qu'il faut » la chaleur donnée par deux ou trois onces de charbon » pour convertir une livre d'eau en vapeur. L'excès » d'humidité est donc un obstacle au calorique qui ne » peut pénétrer dans le sol. » (Thackeray.)

On sait, dit encore M. Thackeray, que l'eau chauffée gèle plus facilement, et que la vapeur se condense au moindre contact du froid; c'est ce qui fait que la rosée est plus abondante sur les terres drainées où la chaleur naturelle la rend bienfaisante.

Les remarques de cet observateur judicieux sont pleines d'intérêt. Il donne, dans des tableaux que je soumets à l'appréciation de l'Académie, les relevés d'expériences faites en Angleterre sur la quantité d'eau *absorbée* par le sol et *évaporée*.

(Tableaux I et II.) *Observations sur la filtration et l'évaporation de l'eau.* (Thackeray.)

MOIS.	QUANTITÉ D'EAU TOMBÉE ET ABSORBÉE PENDANT CHAQUE MOIS ET UNE PÉRIODE DE HUIT ANNÉES.																QUANTITÉ MOYENNE D'EAU ABSORBÉE ET ÉVAPORÉE.				
	1836.		1837.		1838.		1839.		1840.		1841.		1842.		1843.		MOYENNE DE CHAQUE MOIS ET D. HUIT ANS.				
	Eau tombée.	Eau absorbée.	Eau tombée.	Eau absorbée.	Eau tombée.	Eau absorbée.	Eau tombée.	Eau absorbée.	Eau tombée.	Eau absorbée.	Eau tombée.	Eau absorbée.	Eau tombée.	Eau absorbée.	Eau tombée.	Eau absorbée.	Pluie.	Filtration.	Évaporation.	Filtration.	Évaporation.
	Pouc.	Pouc.	Pouc.	Pouc.	Pouc.	Pouc.	Pouc.	Pouc.	Pouc.	Pouc.	Pouc.	Pouc.	Pouc.	Pouc.	Pouc.	Pouc.	Pouces.	Pouces.	Pouces.	Pour cent.	Pour cent.
Janvier...	2,40	2,32	2,40	2,10	0,31	0,04	1,40	1,04	3,95	3,05	1,30	0,00	1,36	0,60	1,46	1,25	1,847	1,307	0,540	70,7	29,3
Février...	2,04	2,04	2,85	2,92	2,65	0,86	1,45	1,51	1,32	1,00	1,02	0,00	2,02	2,10	2,42	1,95	1,971	1,547	0,424	78,4	21,6
Mars.....	3,65	2,51	0,75	0,01	1,55	2,73	1,92	1,22	0,34	0,00	1,65	0,53	2,20	1,62	0,88	0,00	1,617	1,077	0,540	66,6	33,4
Avril.....	2,57	1,74	1,32	0,00	1,35	0,00	1,65	0,71	0,34	0,00	1,85	0,00	0,47	0,00	2,10	0,00	1,456	0,306	1,150	21,0	79,0
Mai......	0,70	0,03	0,94	0,00	0,84	0,00	1,22	0,10	2,62	0,00	1,68	0,00	1,85	0,00	3,00	0,74	1,856	0,108	1,748	5,8	94,2
Juin.....	1,80	0,01	1,86	0,00	2,83	0,00	3,31	0,05	1,33	0,00	3,00	0,00	2,00	0,00	1,56	0,25	2,213	0,039	2,174	1,7	98,3
Juillet....	2,29	0,10	1,30	0,00	2,35	0,09	4,36	0,15	1,18	0,00	2,80	0,00	1,93	0,00	2,09	0,00	2,287	0,042	2,245	1,8	98,2
Août.....	2,24	0,15	3,00	0,05	0,95	0,00	3,65	0,09	1,90	0,00	3,62	0,00	1,40	0,00	2,66	0,00	2,427	0,036	2,391	1,4	98,6
Septembre	2,60	0,07	1,38	0,05	2,47	0,03	3,22	1,30	2,31	0,00	4,00	0,00	4,50	1,30	0,65	0,00	2,639	0,369	3,270	13,9	86,1
Octobre..	4,53	3,82	1,55	0,02	2,68	0,07	1,68	0,09	1,30	0,00	4,40	5,99	1,44	0,50	4,82	0,91	2,823	1,400	1,423	49,5	50,5
Novembre	3,93	3,14	2,05	0,18	3,35	2,91	4,40	4,70	4,25	2,57	4,28	4,87	3,77	3,00	2,45	2,70	3,837	3,258	0,579	84,9	15,1
Décembre	2,21	1,72	1,70	1,62	1,38	1,84	3,02	3,75	0,40	1,57	2,30	2,80	1,52	0,84	0,40	0,30	1,644	1,805	0,164	100,0	00,0
Total...	31,00	17,65	21,10	6,95	23,13	8,37	31,28	14,91	21,44	8,19	32,10	14,19	26,43	11,76	26,47	8,10	26,614	14,294	13,320	42,4	57,6

Dans le premier, on voit la quantité d'eau tombée et absorbée par la terre, chaque mois, pendant une série de huit années. On trouve, dans le second, la moyenne tombée, filtrée et évaporée, par pouce anglais (25 millimètres), et pour cent, chacun des mois de l'année pendant cette même période. Le troisième indique la quantité d'eau tombée, filtrée et évaporée par année, pour cent et par acre (40 ares 46 centiares à 50 ares). Le dernier donnera les mêmes résultats pendant les mois d'été, avril à septembre, et pendant les mois d'hiver, octobre à mars.

(Tableau III.)

QUANTITÉ D'EAU TOMBÉE, ABSORBÉE ET ÉVAPORÉE CHAQUE ANNÉE.

Années.	Pluie.	Filtration.	Evaporation.	Pluie par acre.
	Pouces.	Pour cent.	Pour cent.	Tonneaux.
1836	31,0	56,9	43,1	3139
1837	21,10	32,9	67,1	2137
1838	23,13	37,0	63,0	2342
1839	21,28	47,6	52,4	3168
1840	21,44	38,2	61,8	2171
1841	32,10	44,2	55,8	3251
1842	26,43	44,4	55,6	2676
1843	26,47	36,0	64,0	2680
Moyenne.	26,61	42,4	57,6	2695

(TABLEAU IV.)

QUANTITÉ D'EAU TOMBÉE, ABSORBÉE ET ÉVAPORÉE.

Avril à septembre inclusivement.

Années.	Pluie.	Filtration.	Evaporation.	Filtration.	Évaporation.	Pluie par acre filtrée.	Pluie par acre évaporee.
	Pouces.	Pouces.	Pouces.	Pour cent.	Pour cent.	Tonneaux	Tonneaux
1836	12,20	2,10	10,10	17,3	82,7	212	1023
1837	9,80	0,10	9,70	1,0	99,0	10	982
1838	10,81	0,12	10,69	1,2	98,8	12	1082
1839	17,41	2,60	14,81	15,0	85,0	263	1500
1840	9,68	0,00	9,68	0,0	100,0	"	980
1841	15,26	0,00	15,26	0,0	100,0	"	1545
1842	12,15	1,30	10,85	10,7	89,3	131	1099
1843	14,04	0,99	13,05	7,1	92,9	100	1322
Moyenne	12,67	0,90	11,77	7,1	92,9	91	1192

Octobre à mars inclusivement.

Années.	Pluie.	Filtration.	Evaporation.	Filtration.	Évaporation.	Pluie par acre filtrée.	Pluie par acre évaporee.
1836	18,80	15,55	3,25	82,7	17,3	1574	330
1837	11,30	6,85	4,45	60,6	39,4	693	452
1838	12,32	8,45	3,85	68,8	31,2	855	393
1839	13,87	12,31	1,56	88,2	11,8	1246	159
1840	11,76	8,19	3,57	69,6	30,4	829	362
1841	16,84	14,19	2,65	84,2	51,8	1437	269
1842	14,28	10,46	3,82	73,2	26,8	1059	387
1843	12,43	7,11	5,32	57,2	42,8	720	538
Moyenne	13,95	10,39	3,56	74,5	25,5	1052	360

Nota. — Les quantités de pluie dans les colonnes sous le titre *filtration* représentent le jeu voulu des tranchées dans les sols rétentifs ; 1/10 d'un pouce de pluie en profondeur vaut 10,128 tonneaux par acre.

Voici ce qui résulte des calculs que M. Dickinson a faits avec la jauge Dalton[1] : 1° l'évaporation dans les sols ordinaires est de 57 $\frac{1}{2}$ pour cent, tandis que la filtration n'est que de 42 $\frac{1}{2}$ pour cent sur un volume moyen de 26 $\frac{6}{10}$ pouces ou 66 centimètres 5 millimètres cubes[2] ; 2° d'avril à septembre, la filtration n'est que de 7 pour cent, et l'évaporation, de 93 ; tandis que d'octobre à mars, la filtration est de 74,5, et l'évaporation, seulement de 25,5 pour cent.

On peut tirer cette conséquence, que les mois d'hiver approvisionnent les terres de la quantité d'eau qui peut s'évaporer pendant les mois d'été, ou, en d'autres termes, que les mois d'été sont employés par le soleil et l'air, à faire évaporer l'eau approvisionnée dans la terre pendant l'hiver. Or, comme en été la filtration devient presque nulle, puisque l'eau remonte dans l'atmosphère à peu près à mesure qu'elle tombe, il s'ensuit que l'action solaire qui devrait être employée d'abord à l'évaporation des quantités approvisionnées pendant l'hiver avant de s'attaquer à l'excédant des quantités généralement bienfaisantes tombées en été, il s'ensuit, dis-je, que l'action solaire s'exerce, au contraire, sur les eaux salutaires de l'été, qu'elles soient trop considérables ou insuffisantes, avant d'enlever la moindre goutte des provisions de la

[1] Cette jauge consiste en un cylindre large de 30 centimètres sur 90, ouvert par le haut, et ayant au fond des trous comme ceux d'une *passoire*. Ce cylindre est rempli de terre à travers laquelle l'eau filtre pour se décharger dans un récipient organisé de manière à mesurer la quantité d'eau passée.

[2] Les observations météorologiques faites à Metz par M. Schuster, donnent, pendant les dix années écoulées de 1825 à 1834, une moyenne de 0m,601. Ce chiffre s'élève à 0m,726 pour la période de 1841 à 1850. — A Bruxelles, il est de 0m,689 pour la périnde de 1833 à 1842

mauvaise saison. *Le soleil devient donc nuisible aux plantes avant d'avoir pu leur être profitable.*

Les tranchées profondes font régulièrement le double travail exigé du soleil et augmentent, en quelque sorte, son action salutaire. Là est tout le drainage, là est la grande question.

Cette question sera résolue, lorsqu'il sera prouvé que le sol étant débarrassé de l'excédant d'humidité qu'il contient, et des eaux qu'il reçoit en hiver et en été, l'action solaire pourra encore s'exercer sans *brûler la terre et ses produits.*

Je l'ai dit après beaucoup d'autres, le drainage modifie la température intérieure du sol, il change même celle d'un pays lorsqu'il est généralement appliqué. M. Parkes a fait, à ce sujet, des expériences fort intéressantes dont on verra le résultat dans le tableau suivant. Il a constaté que la température d'une tourbière, qui était de 46 degrés à partir de 12 pouces jusqu'à 30 pieds de profondeur, s'était élevée, après un drainage, de $1^{m},20$, à 50 et 57 degrés, et qu'à la profondeur de 7 pouces, cette température avait varié de 51 à 66 degrés.

Les hommes les plus compétents, parmi lesquels je citerai M. Leclerc, reconnaissent que la chaleur rendue au sol par le drainage est considérable, et qu'elle avance le développement de ses divers produits. Ce dernier établit, d'après les calculs météorologiques de l'observatoire de Bruxelles, que la surface d'un hectare reçoit, par an, 6 890 hectolitres ou 6 890 000 kilogrammes d'eau[1]. Si cette eau n'a pas un écoulement libre, et si elle est forcée de rester à l'état stagnant près de la surface du sol, les 50 ½ pour cent de la masse totale seront restitués à l'at-

[1] Ce chiffre s'élève à Metz, pour la période de 1833 à 1842, à 7 260 hectolitres ou 7 260 000 kilogrammes.

1837 Juin.	PROFONDEUR des TIGES DE THERMOMÈTRE au-dessous de la surface. Pouc. 31	 Pouc. 25	 Pouc. 19	 Pouc. 13	 Pouc 7	TEMPS DE L'OBSERVATION.	DIRECTION DU VENT.	Tempérᵉ de l'air à 4 pieds à partir du sol à l'ombre.	OBSERVATIONS.
	temp.	temp.	temp.	temp.	temp.	Heure.		deg.	
7	46 »	47 »	48.4 »	50 50.5	52 55	9 A. M. 2 P. M.	S. O. par S. O.	» »	
8	» »	» »	» »	50 »	51 52.5	9 A. M. 2 P. M.	S. E. »	» »	Jour froid.
9	46.1 »	47.2 »	» 48.5	49 49.5	49 52.8	9 A. M. 2 P. M.	E. O. S. O.	» »	Froid et brumeux. Clair et chaud.
10	46.2 »	» »	4.6 »	50 50.5	53 54	9 A. M. 2 P. M.	S. «	» 70	Pluie la nuit précédente. Soleil éclat. toute la journée.
11	46.3 »	47.4 »	» »	51 52	55 56	9 A. M. 10	» »	65 68	Dans la journée pas de nuages visibles. Bien plus chaud que le 10; mais malheureusement le thermom. à air a été brisé à 10 h. du m. La surface de l'eau au repos était de 60° à cette heure, la surface du lit de 75°.
12	46.5	47.4	»	51	55	9 A. M.	O. S. O.	»	Ondées chaudes.
13	46.8	48	48.8	52	59	2 P. M.	O. S. O.	»	Chaud; ondée à 11 h. du m.
14	47.2	48.4	50.4	53	60.4	Midi.	S.	»	Chaud et sec.
15	47.25	48.6	50.8	53	57.6	9 A. M.	S. O.	»	Très-chaud; pas de nuages.
16	47.6 47.8 » » » » 47.9	49 49.6 » » 49.8 » 49.9	51.4 52 » 51.8 51.9 52 52.5	54.2 55 » 54 55 57 55.5	60 63 64 62.5 65 66 63	9 A. M. 1 P. M. 2 3 3 1/4 3 1/2 4	S. O. » » O » » S.	69 72 74 78 76 72 68	Etouffant; pas de nuages. Légères nuées élevées. Nuages épais sous le vent. Fort orage avec écl. pend. 1/2 h. Température de la pluie 78°. Vap. vis. des ét. et des fossés. Soleil brillant.
17	48 48.2	50 50.1	52.8 »	55.6 55.8	58 60.4	9 A. M. 3 P. M.	S. »	67 74	Belle matinée. Pas de nuages; chaleur.
18	48.25	50.2	»	55	56	10 A. M.	E. par S.	64	Brumeux.

mosphère sous forme de vapeur; le poids de l'eau ainsi dégagée, sera donc de 3445000 kilogrammes. Comme un kilogramme d'eau exige, pour se transformer en gaz, un onzième de kilogramme de houille environ, il en résulte que la chaleur perdue, en 365 jours, par l'aire d'un hectare, pour l'évaporation de son *excédant d'humidité,* équivaudra à 313181 kilog. de charbon ou 858 kilog. par jour. Il est évident que cette chaleur ne profitera pas à la production du sol, tandis que le drainage, enlevant l'objet auquel elle devait forcément s'appliquer, la fera tourner à l'avantage de cette production.

Douze heures après une forte pluie, pendant une journée du mois de novembre, les drains placés à 3 pieds de profondeur, dans une pièce de 9 arpents, coulaient encore ; le même jour, une houblonnière voisine, drainée à 4 pieds, était déjà complètement desséchée. On estime, dit Thackeray, qu'un demi-litre environ entre dans les tuyaux par chacun des joints en une heure, et qu'un tuyau d'un pouce (25 millimètres), peut rendre 975 litres d'eau par heure ou 19 $\frac{1}{2}$ tonneaux par arpent.

La crainte de voir les terres et surtout les terres légères se brûler ou se dessécher trop fort par le drainage, est chimérique. Il est connu que dans les saisons où la température est le plus élevée, la pluie rafraîchit beaucoup la superficie du sol, et qu'elle devient, à son contact, plus chaude que les couches inférieures dans lesquelles le drainage facilite son accès. Des expériences faites à Genève en 1796, donnent la chaleur moyenne du sol. A la surface elle était de 86°,7 ; à 3 pouces, de 69°,8 ; à 4 pieds, de 60° ; la température de l'air était de 59°,7 (Voyez ci-dessus les observations faites dans une tourbière). Schübler a donné, sur l'influence de l'humidité pour l'échauffement des sols, des notions précieuses. Thackeray s'en est servi pour démontrer que si la température de la *pluie* s'accordait avec celle de l'air, elle recevrait, en touchant le sol, pendant les six mois d'été, un accroissement de 13° ½.

N'avons-nous pas répété à satiété que le drainage facilite la filtration des pluies dans les terres fortes pour lesquelles on pourrait craindre la sécheresse, et qui, sans le drainage, sont tellement durcies extérieurement par le soleil, que les eaux ne peuvent y pénétrer? L'eau montant jusqu'à la surface du pot de fleurs placé dans l'assiette de M. Martinelli, et précédemment dans l'aiguière de Thaer, donne une idée exacte de l'effet que l'humidité intérieure, maintenue par les tuyaux, produit aussi dans les sols convenablement divisés. Je ferai remarquer que si le pot de fleurs est immédiatement en contact avec l'eau, tandis qu'il existe un intervalle entre l'eau des tuyaux et le sol, cette différence n'enlève pas à la comparaison de M. Martinelli une certaine justesse qui fait bien comprendre le mouvement d'ascension capillaire.

« Pendant la nuit, l'évaporation cesse d'ordinaire pour » recommencer lorsque les rayons du soleil s'étendent » sur le sol; mais l'*action capillaire est constante,* elle est » d'une intensité uniforme nuit et jour, de sorte que » nous avons, en moyenne, douze heures par jour de » l'influence du soleil pour produire l'évaporation, et » vingt-quatre heures d'action capillaire pour suppléer » à cette perte et entretenir l'état *hygrométrique* ou » *humide* du sol. » (Thackeray.)

Cette force d'ascension capillaire est tellement puissante, et l'appréhension de voir les terres se dessécher trop fort lorsque le drainage a été bien exécuté, est tellement vaine, que M. Raillard[1] ajoute: « On n'obtiendra » un drainage efficace qu'à la condition d'éloigner et de

[1] M. Emile Raillard, ingénieur des ponts-et-chaussées, chargé du service hydraulique du département de la Meuse, a publié un travail très-

» tenir les eaux souterraines à une profondeur excédant » la force d'attraction capillaire. »

« Dans une terre légère, qui, en apparence, n'a jamais » assez d'eau, qui se sèche vite, durcit ou brûle aux pre- » miers rayon du soleil de juin, on se dit tout naturel- » lement qu'il vaut mieux retenir l'eau que de la laisser » s'écouler. Rien n'est plus juste; mais on oublie que la » terre perméable à l'eau n'ayant que quelques pouces, » un pied peut-être d'épaisseur, il se trouve souvent par » dessous 2, 3, 4 pieds même de sol imperméable; et » que l'évaporation ayant lieu trop promptement, à raison » même de la légèreté de la couche supérieure, les ra- » cines ne trouvent, en arrivant à la couche imperméable, » qu'une muraille dure, sèche, impénétrable et stérile. » Que cette terre soit drainée à 4 pieds de profondeur, » aussitôt elle devient perméable, poreuse, et sur toute » cette profondeur elle fait les fonctions d'une éponge; » par l'effet de la capillarité, elle sert à nourrir les ra- » cines, qui autrement sécheraient ou languiraient dans » la couche supérieure. » (Mertens.)

IV.

Pratique du drainage. — Opération matérielle. — Divers systèmes. — Coulisses. — Aqueducs ou cours. — Tuyaux. — Tranchées; *droites et parallèles; profondes. — Distance entre elles. — Comment l'eau s'écoule. — Expérience concluante. — Limites de la profondeur au point de vue de l'économie.*

Pour drainer avec succès, il faut surtout s'appliquer à bien connaître la nature des sols et l'origine des eaux qui doivent en être extraites (Leclerc).

remarquable sur le drainage et son application au terrain du département qu'il habite. Bar-le-Duc, Numa Rolin, 1852.

Il y a quatre manières principales de purger la terre de l'excès d'humidité qui la rend improductive :

1° Les *fossés ouverts* dont nous ne devons rien dire ; ils ne sont convenables que dans les bois ou les marécages et ne peuvent servir dans le système d'assainissement perfectionné, qu'à la *décharge des eaux extraites du sol.* Non-seulement ils mettent des entraves à la culture, mais ils exigent un entretien dispendieux et occupent une grande étendue de terrain ;

2° Les *fossés couverts* profonds ou peu profonds, remplis, en partie, de pierres ou autres matériaux ; on les appelle généralement *sacs à pierres, siolles, pierrées* ou *coulisses* (Pl. I, Nos 1, 2) ;

3° Les *fossés couverts* profonds avec conduits réguliers, en pierres, en bois, en tuiles (Pl. I, Nos 3, 4, 5, 6, 7) ;

4° Les *fossés couverts* garnis de tuyaux (Pl. I, Nos 8, 9, 10, 11).

Nous ne nous occuperons que de ces derniers, et nous parlerons des autres seulement pour constater leur infériorité sous tous les rapports.

En règle générale, les fossés ou tranchées doivent être en ligne droite, parallèles et profonds. Plus ils sont profonds, plus le drainage est parfait. Les discussions qui eurent lieu à ce sujet entre les célèbres *drainers* Smith et Parkes, devant la société royale d'agriculture d'Angleterre, à Newcastle, au mois de juillet 1846, ne sont pas encore oubliées ; il est acquis à la science et à la pratique, que le système de Parkes, la profondeur, est préférable sous le double rapport des effets produits et de l'économie[1].

[1] Smith ne demandait que 80 centimètres de profondeur et 8 mètres d'espacement ; Parkes voulait au moins 1 mètre 35 centimètres de profondeur et 15 à 16 mètres de distance. *Du Drainage profond*, traduit de l'anglais par Saint-Germain-Leduc.

« Pour qui sait, de science certaine, de combien le » drainage nouveau[1] l'emporte sous le double rapport » de l'économie dans la dépense et de la puissance d'effet, » il est pénible de voir tout l'argent qu'on enfouit chaque » jour dans le sol avec les meilleures intentions du » monde, mais pour en tirer peu de profit. » (Parkes.)

« Un judicieux *drainer* repoussera toutes règles dog- » matiques à ce sujet, » dit avec raison M. Thackeray.

« Chaque draineur devrait, selon moi, s'abstenir d'idées » systématiques et absolues, et n'agir que conformément » aux circonstances où il se trouve placé. Toutes les con- » testations sur le drainage cesseraient immédiatement. » (Stephens.)

« Quand tu voudras faire une tranchée, écrivait le » capitaine Bligh en 1652, tu auras soin de la faire assez » profonde pour qu'elle aille jusqu'au fond de l'eau » froide qui suinte et croupit, et qui nourrit la pierre et » le roseau ; quant à la largeur, fais ce que tu veux, » mais pour sûr, fais assez large pour que tu puisses aller » à fond.

» Quant à ces tranchées ordinaires et nombreuses, » souvent tortues, que l'on fait dans les terrains maré- » cageux à un ou deux pieds, sans jamais tenir compte » de ce que fait le marais, je dis : Allons, mettez cela de » côté, car c'est une grande folie, peine perdue, gaspil- » lage ; on enlève seulement un peu de l'eau tombée du » ciel.

» En quelque part qu'on creuse les fossés, faut y aller » jusques à quatre pieds ou environ pour bien couper les » racines des sources. » (Olivier de Serres.)

[1] Aux yeux de Parkes, le drainage superficiel de Smith était déjà ancien.

Les moines qui avaient fait, avant 1620, les travaux de drainage dont les précieux restes ont été retrouvés près de Maubeuge, auraient sans doute tenu le même langage. Les tuyaux employés par eux étaient semblables aux nôtres, sauf qu'ils s'emmanchaient les uns dans les autres; ils étaient placés à 1 mètre 20 centimètres sous terre !

La profondeur des tranchées et la distance entre elles comme leur direction, dépendent naturellement, je l'ai fait pressentir, de la position des sources ou nappes d'eau, de l'état du terrain, de sa nature, de son mélange, des obstacles qu'il renferme, de sa pente, de sa configuration, etc. ; mais en adoptant même un *système de drainage superficiel*, bon dans certains cas, il est un *minimum de profondeur* que l'on doit toujours observer pour que les tuyaux ne soient point dérangés ou bouchés par suite des cultures. Non-seulement il faut que les instruments perfectionnés ne puissent pas les atteindre, ce qui exige 67 centimètres au moins, mais il faut encore que l'eau, avant d'y pénétrer, ait eu le temps de se clarifier.

« Du reste, si l'on se trompe en déterminant la di-
» mension des saignées, il vaut beaucoup mieux se
» tromper en leur donnant trop de profondeur. Jamais
» personne n'a souhaité d'avoir donné moins de profon-
» deur à ses tranchées. » (Stephens.)

Stephens détermine les profondeurs d'après la propriété qu'ont les différents sols de s'égoutter plus ou moins vite. Il porte à 2 centimètres et demi la faculté des sols poreux, et veut seulement 84 centimètres et demi; à 25 centimètres, la faculté des sols de moyenne consistance, et il demande 1 mètre 7 centimètres et demi ; enfin, il exige 1 mètre 97 centimètres et demi dans les sols argileux et très-tenaces. Si l'on emploie des pierres au lieu de tuiles, il faut, dit-il, ajouter 15 centimètres à ces profondeurs.

M. Leclerc n'admet point cette distinction entre les sols poreux et les autres, pour déterminer la profondeur des drains; il prétend, avec Parkes et les praticiens les plus consommés, que les terres tenaces, étant drainées, s'égouttent plus promptement parce qu'elles se contractent davantage ; les fissures formées dans toute l'épaisseur donnent un passage plus libre à l'eau. Le drainage profond y est donc, dit-il, plus utile que partout ailleurs.

Il faut bien se rendre compte de ce qui se passe entre les tuyaux et la surface du sol (Pl. I, N° 12).

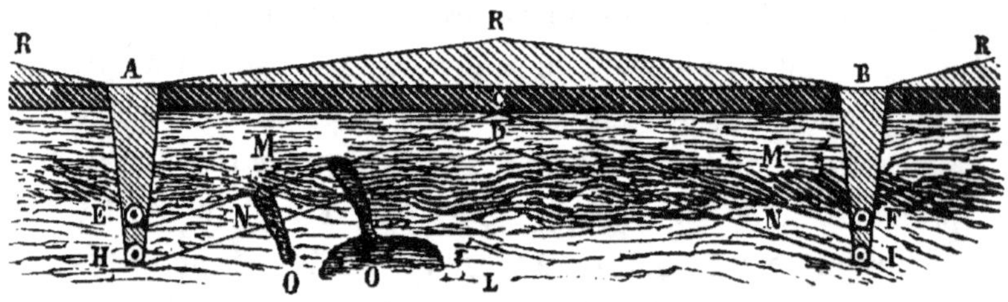

Ce n'est point par le dessus de la tranchée que l'eau arrive en plus grande quantité à ces conduits; la largeur de 30 ou 40 centimètres à l'ouverture et de 8 centimètres au fond, est insignifiante, comparée aux 5 mètres qui se trouvent ordinairement de chaque côté et qui doivent être assainis. C'est par le dessous et par les côtés qu'elle y entre en suivant les lignes CE, CF, ou DH, DI. Plus les tranchées sont profondes, plus il y a de pente des points intermédiaires C et D aux conduits ; « plus elles coupent » un grand nombre de stries, veines de sable et de » gravier, MN, qui existent dans beaucoup de sous- » sols » (Leclerc); plus l'épaisseur assainie DHACBI est considérable [1]; moins il y a de chances d'obstruction

[1] Il n'a été tenu compte d'aucunes proportions dans la figure ci-dessus, soit pour la profondeur des saignées, soit pour les pentes d'écoulement. Ces dernières sont évidemment trop fortes; elles seraient de 20 pour cent.

par les racines et par les dépôts des eaux pluviales. J'ai vu des drains à un mètre et quelques centimètres de profondeur dans une terre jaune et se délitant facilement, verser à pleins tuyaux, après des pluies effrayantes, une eau aussi limpide que la source la plus pure, et cela, sur une étendue de plusieurs hectares.

« La saignée profonde écarte les obstacles qui s'op-
» posent à ce que l'eau descende à un niveau plus bas ;
» l'eau suit alors les lois de la pesanteur et s'écoule
» librement, tandis que sans cela elle serait demeurée
» stagnante. » (Stephens.)

Une expérience concluante fut faite par Parkes. Il établit des tuyaux à une certaine profondeur, et d'autres furent superposés à 76 centimètres, l'intervalle étant parfaitement tassé et pilonné: soit les tuyaux H, I et E, F. A la première pluie, les tuyaux de dessous H, I versèrent l'eau abondamment, avant que ceux du dessus E, F en laissassent passer le moindre filet. Cette expérience se renouvela dans des terres où les drains, sans être superposés, étaient à des distances et à des profondeurs différentes.

M. Hammond dit avoir trouvé, en février 1844, une tranchée de 4 pieds de profondeur dont les tuyaux rendaient 4 litres d'eau, en même temps qu'une autre tranchée de 3 pieds n'en rendait que 2 et demi.

« Pour assainir un terrain dont le sous-sol est uni-
» formément imperméable sur une grande étendue, il
» n'est pas besoin d'un drainage très-profond, mais plu-
» tôt de saignées multipliées qui facilitent l'écoulement
» de l'eau par de nombreux conduits. » (Stephens et Thaer.)

« C'est une condition absolue de l'efficacité des tran-
» chées, que dans leur partie inférieure elles reposent sur
» une couche imperméable, et si l'on n'en rencontre pas

» une telle, les tranchées doivent alors avoir une profon-
» deur excessive. » (Thaer.)

Il est important de descendre jusqu'à la couche d'où l'on voit l'eau sortir, et de ne point la dépasser, dit M. Naville; il ajoute avoir fait inutilement un très-bel aqueduc en pierres, à la profondeur de 50 centimètres, dans un pré saturé d'eau intérieurement et à la surface ; cet aqueduc restait sec et le pré humide. Un simple drain à 95 centimètres produisit un effet tout contraire, le pré fut parfaitement assaini. Ce fait a été constaté par beaucoup d'expériences et par M. le baron Mertens qui, l'un des premiers, a employé le drainage en Belgique et lui a soumis une partie de sa propriété d'Ostin près Namur. On a vu même des terrains drainés superficiellement rester humides, bien que les tuyaux fussent directement intermédiaires entre les sources et la surface du sol ; c'est là un dangereux écueil contre lequel vient souvent se heurter le drainage. On l'évitera facilement pour peu que l'on fasse attention à ce que j'ai dit des pentes latérales CE, CF, DH, DI suivies par l'eau pour arriver aux tuyaux E, F, H, I ; de la dessiccation du sol, par l'air qui circule dans les drains, et de l'attraction de cette même eau en sens contraire, par la force d'évaporation et par la capillarité.

« Plus la couche cultivée est épaisse, plus les raies
» d'égouttement doivent avoir de profondeur; pour pro-
» duire l'effet qu'on attend de ces raies, il faut qu'elles
» descendent jusque dans la partie imperméable du sol.
» Si l'on n'a pas eu soin de leur donner cette profondeur,
» l'eau, au lieu de s'écouler par leur moyen, pénètre,
» au contraire, dans la terre meuble. » (Thaer.)

Le drainage étant peu profond, les pentes latérales ou *plans d'égouttement,* CE, CF, seront peu rapides et fort rapprochés de la surface du sol (à moins que les saignées soient peu distantes); les sources O s'élevant naturellement jusqu'à ces plans, elles auront à lutter entre le *drain* et le *soleil*, entre l'*air extérieur* et l'*air des tubes*. Elles n'hésiteront pas à monter encore, car l'attraction continuera son effet, nul seulement dans les parties qui se trouvent tout près des tuyaux.

« Il est arrivé, en creusant des trous d'essais avant le » drainage, de trouver que l'eau n'y était pas plus rap- » prochée de la surface que trois pieds. Cependant le sol » superficiel était si mouillé que l'eau en dégouttait sous » la pression de la main. » (Thackeray.)

« Tant que l'humidité souterraine n'est pas ôtée ou » conduite à une profondeur telle que l'attraction ca- » pillaire ne puisse l'attirer en haut et l'amener près de » la surface, le drainage manque son but. » (Parkes, Naville, etc., etc.)

» D'après une loi bien connue de l'hydrostatique, l'eau » s'échappe avec plus de force de fissures profondes que » de celles très-rapprochées de la surface. » (Stephens.)

Si la profondeur est nécessaire lorsque l'on emploie des conduits en terre cuite, elle est indispensable, ainsi qu'une plus grande largeur, lorsqu'on fait usage de pierres ou de tous autres matériaux. Ce point important, sous le rapport économique, donne au drainage perfectionné une nouvelle et grande supériorité.

Les Romains, nos maîtres en beaucoup de choses, Columelle, Palladius, Caton, et après les Romains, Olivier de Serres, demandent que les fossés couverts aient trois à quatre pieds de profondeur et qu'ils soient remplis, à *moitié, de petites pierres*. « Fossæ cæcæ vero hoc genere » fiunt : imprimuntur sulci per agrum transversi altitu- » dine pedum ternum ; postea usque ad medietatem *la-* » *pidibus minutis* replentur aut glareâ, et super terram, » quam egesseramus, æquuntur. » (Palladius, liv. VI, cap. III. Nisard, p. 600.)

« Ces fossés (de quatre pieds) seront à *demi remplis de* » *menues pierres,* et le demeurant achevé de combler de » la terre qui en aura été » tirée auparavant, dont » on le réunira par le des- » sus avec le plan, si bien » que la trace même n'y » paraisse pour la commo- » dité du labourage, le- » quel s'y fera très-bien y » treuvant le soc, de la » terre à suffisance avant » que toucher aux pier- » res. » (Olivier de Serres.)

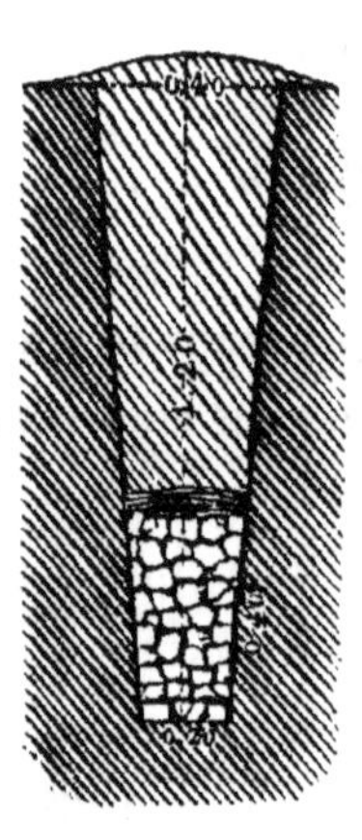

Pl. I. Nos 1, 2.

D'après ces excellents principes. on devra, pour calculer la profondeur moyenne des tranchées, prendre les bases suivantes, abstraction faite de la nature du sol:

1° Epaisseur des pierres ou de tous autres matériaux, 40 à 60 centimètres;

2° Epaisseur de la terre remuée par la charrue dans la culture la plus ordinaire, 20 centimètres;

3° Epaisseur de la terre en dessous de cette culture et au-dessus des pierres, 10 centimètres. Soit en tout 70 à 90 centimètres. Pour peu que l'on ait le projet de soigner sa culture et d'employer la charrue sous-sol; si l'on veut même éviter que le soleil brûle tout ce qu'il trouvera au-dessus de ces drains, il faut ajouter 30 à 40 centimètres d'épaisseur à la terre qui les recouvre, et, par conséquent, faire descendre les matériaux à 1 mètre ou 1 mètre 30 centimètres.

Stephens adopte à peu près les mêmes chiffres :

Couche de terre labourée.	0m,18
Couche de terre intacte au-dessus des tuiles.	0m,08
Hauteur des tuiles.	0m,15
Si l'on emploie des pierres, en plus. . . .	0m,15
Profondeur du défoncement.	0m,41
	0m,97

On sait que Stephens est partisan du drainage superficiel; ailleurs il demande 46 centimètres d'épaisseur pour les pierres, ce qui porterait sa mesure à 1,13, et, dans certains sols, il admet la profondeur de 1m,27 1/2.

La profondeur de 1m à 1m,30 suffisante et fort efficace, qui peut même, en certains cas, être réduite à 67 centimètres pour les tranchées destinées à recevoir des tuyaux, est indispensable pour les *conduits en pierres*.

La largeur des tranchées doit être l'espace strictement nécessaire au maniement des outils, au placement des matériaux, et réclamé par les difficultés du terrain et par les chances d'éboulement. Elle variera selon l'habileté des ouvriers, mais il est un minimum qu'elle doit nécessairement atteindre. Dans les drains en *pierres perdues*, ce minimum sera de 40 centimètres à l'ouverture et de 20 centimètres au fond.

Stirling demande 13 centimètres au fond et 20 au-dessus des pierres qui ont une épaisseur de 38 centimètres, sur une profondeur de 76.

Roberton, 18 centimètres au fond et 23 à la hauteur des pierres qui auront 38, sur 87 et demi de profondeur.

Si la profondeur augmente, la largeur suivra; Stephens veut qu'une tranchée de 1m,83, ait 76 centimèters à l'ouverture, et 45 au fond.

Pour les tranchées infiniment préférables avec conduits réguliers, *aqueducs* ou *cours,* il faut naturellement augmenter cette largeur afin d'obtenir un vide suffisant, et afin d'avoir la faculté d'arranger les matériaux (Pl. I. Nos 3, 4, 5, 6, 7).

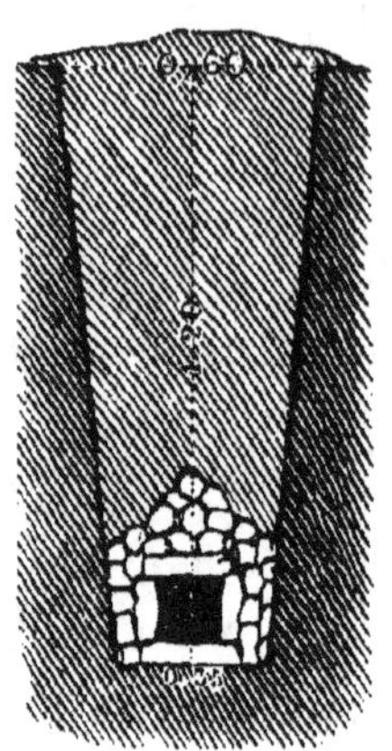

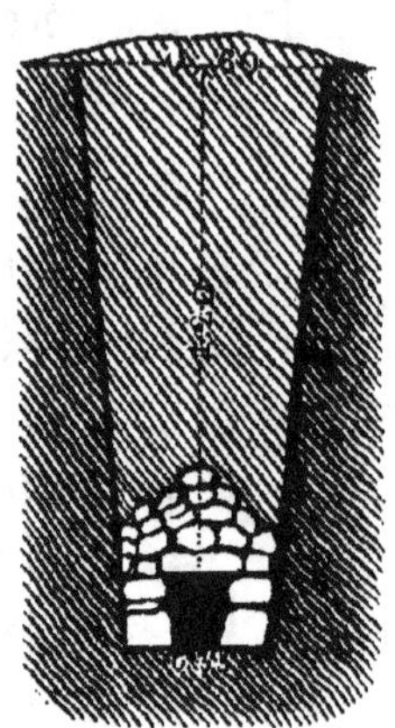

Olivier de Serres exige *un pied de vide* et deux pieds de terre au-dessus. Si nous ne demandons que 15 ou 20 centimètres, comme il faut compter au moins 10 centimètres de chaque côté pour les pierres destinées à supporter la couverture, nous resterons fort en-dessous de ce qui est convenable, et nous aurons cependant déjà 35 ou 40 centimètres de largeur au fond et 60 à l'ouverture.

Les difficultés du terrain et ses propensions aux éboulements donnent aux drains en pierres un semblant d'égalité avec les autres, en ce sens que s'il y a de grosses pierres à extraire des tranchées, ou des éboulements à craindre, il faudra faire pour les uns comme pour les autres, une plus large ouverture ; mais encore , dans cette dernière hypothèse, le placement des tuyaux se faisant plus promptement que celui des autres matériaux, les chances d'éboulement sont moins grandes.

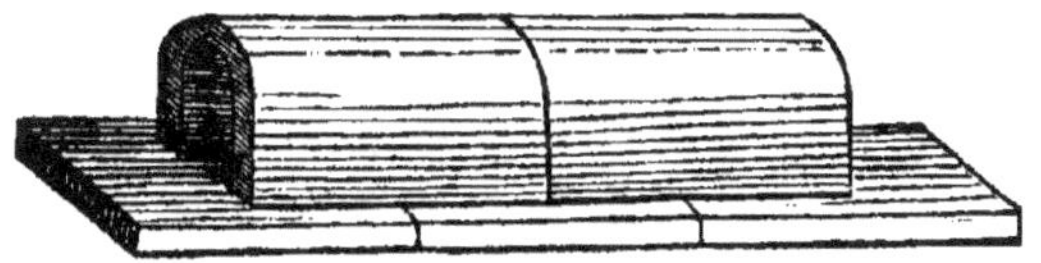

Les tuiles, dont nous avons constaté la supériorité sur les pierres, ont été un premier et véritable progrès dans le système des conduits économiques, à cause du moindre espace qu'elles occupent et de la facilité que les ouvriers trouvent à les mettre en place. Leur semelle n'ayant que 15 ou 16 centimètres de largeur, le fond des tranchées ne doit pas en avoir davantage (Pl. I. N° 7).

« Les drains en tuiles sont supérieurs de beaucoup à » ceux en pierres. On prétend même que ces derniers » ne durent qu'un certain nombre d'années parce qu'ils » finissent par s'engorger, tandis que ceux en tuiles ont » une durée illimitée quand ils sont bien construits. On » m'a dit avoir ouvert des drains, faits avec des tuiles » 60 ans auparavant, et les avoir trouvés dans un état » parfait de conservation. »

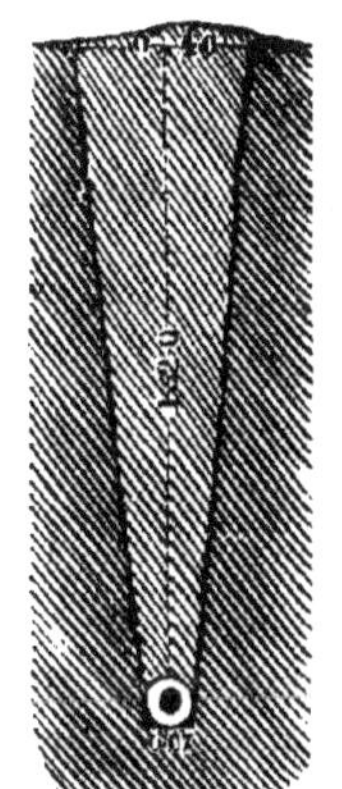

Les tranchées dans lesquelles on place des tuyaux, peuvent être plus étroites encore que ces dernières. Elles ne doivent avoir au fond que la largeur nécessaire pour les loger et une ouverture suffisante pour le maniement des outils spéciaux, sauf, comme je l'ai réservé, les accidents de terrains (Pl. I, N° 11).

On doit conclure de tout ce qui précède, que les tranchées profondes sont surtout nécessaires pour les drains en *pierres*, et qu'à profondeur égale, elles sont beaucoup moins coûteuses lorsqu'elles sont disposées pour recevoir des tuyaux. S'il reste quelque doute à cet égard, il suffira de calculer d'abord la quantité de terre remuée dans l'un et l'autre cas, en faisant entrer le *maniement des outils perfectionnés* comme un des éléments principaux de cet examen ; on fera ensuite le parallèle entre les matériaux employés à garnir les unes et les autres.

Il est évident pour tout le monde que 10 mètres courants de fossés, ayant 60 centimètres à l'ouverture et 40 au fond, sur 1 mètre 20 centimètres de profondeur, ou 6 mètres cubes de déblais, coûteront beaucoup plus que les mêmes longueur et profondeur avec 30 centimètres à l'ouverture et 8 ou 10 centimètres au fond, ne donnant au maximum que 2 mètres 40 centimètres cubes.

Nous sommes naturellement amenés à dire quelques mots de l'espacement des tranchées entre elles, pour répondre à l'objection qui est déjà faite sur le coût plus considérable des tranchées profondes, les largeurs étant égales. En effet la main-d'œuvre, quelles que soient la perfection des outils et l'habileté des ouvriers, doit être différente pour le creusement des unes ou des autres. Il ne faut pas, cependant, se laisser tromper par les premières apparences.

La distance entre les tranchées ou drains est déterminée par leur profondeur, par la nature et par la configuration du sol. Or, si l'on veut bien se reporter au plan et à l'explication que j'ai donnés précédemment (Pl. I, N° 12) sur la manière dont un terrain est assaini, on concevra facilement que plus la profondeur des tranchées A et B, est considérable, plus les plans d'écoulement DH, DI, seront rapides, et plus il serait possible d'augmenter l'écartement des tranchées en conservant, toutefois, à ces plans assez d'inclinaison. De l'écartement des tranchées résulte nécessairement une *longueur courante* moins considérable sur une surface donnée. Ainsi, l'on établit qu'en moyenne, des tranchées de 1 mètre 20 centimètres de profondeur peuvent être distantes de 10 mètres, ce qui donnera dix lignes de 100 mètres chacune ou 1000 mètres courants par hectare, en supposant le périmètre carré.

Si la profondeur était réduite à $0^m,91$, l'écartement ne pourrait plus être que de $6^m,40$. Il y aurait alors quinze lignes de tranchées, la longueur totale serait augmentée de 500 mètres et portée de 1000 à 1500 mètres.

Le cube de terre remuée qui, dans le premier cas était de 288 mètres, s'élèverait, dans le second, à 327 ou 39 mètres cubes en plus, et le drainage ne serait pas, à beaucoup près, aussi efficace.

Le nombre des tuyaux nécessaires pour garnir 1 hectare ou 1000 mètres courants de tranchées, est de 2762 à 3498; il serait également augmenté de moitié, et porté à 4143 ou 5247. Quant aux *pierres,* que leurs partisans voudraient conserver en dépit de l'économie et de la sécheresse qui régnerait naturellement au-dessus de tranchées rapprochées de la surface du sol, la différence serait plus notable encore. Le nombre des mètres cubes que nous avions trouvés indispensables dans les tranchées de $1^m,20$ de profondeur, s'élèverait de 83 à 124, et selon Naville à 150, dans celle de $0^m,91$.

Avant de m'occuper plus particulièrement des tranchées, pour indiquer leur direction et la manière dont elles doivent se faire et se remplir, il est indispensable de comparer une dernière fois les vieux systèmes et le nouveau, les *pierres* et les *tuyaux,* afin de débarrasser le terrain de tous ces matériaux divers qui entravent à chaque instant notre marche.

M. Raillard a dit avec une grande justesse :

« N'étant pas obligés, en France, de passer par toutes » les phases de la science du drainage, comme on le fit » en Angleterre, nous ne devons pas nous préoccuper

» de drains en tuiles. Il faut nous mettre immédiatement » à fabriquer des tuyaux qui seuls entreront en concur- » rence avec les pierres. » Je vais plus loin, et revenant sur la concession que j'ai faite au commencement de ce travail, pour ne point heurter mes lecteurs avant de les avoir persuadés, je proscris entièrement les pierres *partout où l'on peut obtenir des tuyaux;* la concurrence n'est pas possible.

J'ai établi que les tuyaux donnent à l'eau un écoulement plus facile, plus rapide, et s'engorgent moins ; c'est un fait constant : l'asséchement est donc plus régulier, plus complet et plus durable. Ils sont, sous ce rapport, préférables aux *coulisses*, aux *sacs à pierre*, aux *aqueducs*.

Nous venons de voir qu'ils exigent un déblai de terre moins considérable; nous verrons qu'ils demandent infiniment moins de travail pour être mis en place; leur transport sur le terrain n'est pas à compter, tant il est minime, et inférieur au transport des pierres, bois ou fascines. 12 mètres courants de tranchée seront garnis par 12 mètres de tuyaux, 36 pièces, ou la charge légère d'un homme[1]; tandis que la même longueur garnie de pierres cassées, à 40 centimètres d'épaisseur et 20 centimètres de largeur dans le fond, exigera 1 mètre cube ou la *charge de quatre chevaux.* Si l'on fait un aqueduc de 15 centimètres seulement d'ouverture, comme la tranchée devra s'élargir en plus, *de cette ouverture,* elle aura 35 ou 40 centimètres, et le cube de pierres sera le même; mais ce dernier système exigera des frais de main-d'œuvre plus

[1] Le poids des tuyaux dépend de leur grosseur et de l'épaisseur de leurs parois; celle-ci varie à son tour d'après le diamètre. Elle est de $0^{m},010$ pour les tuyaux de $0^{m},025$ pesant 700 kilog. le mille ou $0^{k},70$ (une livre six onces environ) par pièce.

considérables encore que ceux du brisement des matériaux pour le premier cas.

Il ne faut pas perdre de vue aussi que les pierres doivent être ramassées ou extraites, et que les tranchées n'en peuvent fournir une quantité suffisante.

On compte , en supposant les tranchées à 10 mètres de distance, $1^m,20$ de profondeur, $0^m,30$ d'ouverture et $0^m,08$ au fond, 1 000 mètres courants et un cube de terre de 288 mètres par hectare, nous venons de le voir.

Si les tranchées doivent recevoir des pierres et ont 60 centimètres d'ouverture, et 20, 35 et 40 au fond, comme nous l'avons dit aussi, le cube de terre variera de 480 à 600 mètres, selon qu'il y aura des *sacs à pierre* ou des *aqueducs*.

Pour garnir les premières avec des tuyaux, il faudra 2762 à 3498 pièces, 3000 à 4000 kilog. en comptant les manchons; deux ou trois petites voitures au plus; tandis que le nombre des mètres cubes de pierres porté par M. Naville à 100, exigerait cent fortes voitures.

Stephens donne en tableaux des calculs que je lui emprunte et qui me dispensent de rien y ajouter, si ce n'est que les tranchées sont creusées pour des tuiles et par conséquent plus larges qu'elles ne le seraient pour des tuyaux.

Tableau indiquant l'économie que l'on obtient sur un hectare en employant des tuyaux au lieu de pierres, les saignées ayant 0m,76 de profondeur.

DISTANCE entre les saignées.	**PRIX** des saignées garnies de pierres.	**PRIX** des saignées garnies de tuyaux.	**ECONOMIE** obtenue sur l'hectare, en employant des tuyaux au lieu de pierres.
m. c.	f. c.	f. c.	f. c.
3 05	816 24	415 06	401 18
3 35	742 04	377 24	364 80
3 66	680 29	345 53	334 76
3 96	628 39	319 64	308 75
4 27	581 81	295 39	286 42
4 57	544 07	276 32	267 75
4 88	510 08	259 25	250 83
5 18	479 97	243 81	236 16
5 48	454 28	230 13	224 15
5 79	429 66	218 05	211 61
6 10	408 12	207 23	200 89
6 40	388 65	197 38	191 27
6 71	371 02	188 61	182 41
7 01	355 19	180 31	174 88
7 32	340 14	172 73	167 41
7 62	324 56	164 87	159 69
7 93	313 94	160 52	153 42
8 23	302 25	153 14	149 11
8 54	291 36	147 80	143 56
8 84	281 23	142 69	138 54
9 14	272 14	138 15	133 99
9 45	263 33	133 80	129 53
9 75	255 30	129 60	125 70
10 06	247 25	125 45	121 80
10 36	239 98	121 94	118 04
10 67	233 24	118 44	114 80
10 97	227 26	115 05	112 21
11 28	220 52	111 94	108 58
11 58	214 81	108 98	105 83
11 89	209 51	106 38	102 93
12 19	204 05	103 76	100 29

On se rendra plus facilement compte de cette différence, qui est de moitié, lorsqu'on aura expérimenté la promptitude avec laquelle se placent les tuyaux garnis de manchons ou colliers larges de 8 centimètres. Un ouvrier debout au-dessus du fossé descend le tuyau garni de ce manchon, à l'aide d'un *crochet* qui permet d'introduire l'une de ses extrémités dans le manchon qui vient d'être placé; il peut en poser ainsi 350 à 400 par heure. Il est inutile, je pense, de retracer le détail des opérations diverses exigées par l'emploi des pierres.

Quand on ne fait pas usage de manchons, dont l'utilité est assez généralement contestée en France, on met, à l'aide d'une longue pince en bois, un morceau de tuile cassée, une ardoise, sur le joint des tuyaux, afin que la terre n'y glisse pas au moment où l'on remplit la tranchée. Mais cette opération est plus longue et les tuyaux ne sont pas aussi bien maintenus, ils sont sujets à être dérangés, soit par le tassement irrégulier, soit par les taupes qui, dans certaines saisons, trouvent dans le fond des saignées une grande quantité de *vers draineurs*. On fait aussi des demi-manchons qui recouvrent seulement le dessus des tuyaux.

J'ai longuement conféré de l'usage de *ces accessoires* avec des praticiens qui se sont accordés à reconnaître la grande utilité *pratique du manchon*. Le seul inconvénient que l'on y puisse trouver, c'est que *les tuyaux ne portant que sur les bouts, il reste un vide ou porte-à-faux*, qui, dit-on, peut en occasionner le bris; mais de nombreuses expériences faites sur la résistance des tuyaux, prouvent que cet accident n'est pas possible. Ce vide d'ailleurs se remplit de terre en même temps que la tranchée.

Les Anglais ont poussé les idées de simplification jusqu'à l'invention d'une machine, espèce de charrue, tirée par un *cabestan* à manège. Le soc de cette charrue, de forme toute particulière, comme celui de la *charrue taupe,* introduit les tuyaux dans le sol à la profondeur voulue. On comprendra peut-être cette opération, peu importante au reste, tant son application est restreinte, en se figurant une charrue ordinaire au *talon* de laquelle serait attachée une corde passée dans des tuyaux et ayant la longueur du sillon. A mesure que la charrue avancera, les tuyaux entreront dans le sillon où ils resteront quand la corde sera lâchée.

Je ne m'étendrai pas sur la longueur et la forme des tuyaux, sur leur diamètre ou leur fabrication. Ils ont toujours été longs de 33, 35 et 38 centimètres ou un pied environ. Cette dimension les rend très-maniables et procure de nombreux joints par où l'eau passe. Stephens et Parkes disent qu'une pinte ou 47 centilitres, et, selon Leclerc, 1 1/3 litre, peuvent entrer, par heure, dans l'intervalle qui sépare deux tuyaux *joints aussi bien que possible.* Dans l'un des travaux de drainage exécutés par ce dernier, chaque saignée de 100 mètres ou de 300 tuyaux de 25 millimètres d'ouverture, donne 381 litres par heure et pourrait en fournir cinq fois autant.

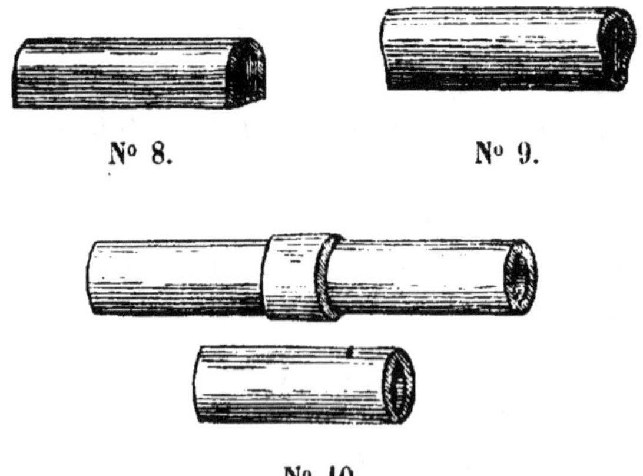

N° 8. N° 9.

N° 10.

On les a faits d'abord en forme de tuile avec semelle

(Pl. I, N° 8) afin, disait-on, de leur donner une meilleure assise, mais on a reconnu bientôt qu'ils se plaçaient moins régulièrement, moins promptement et l'on a adopté la forme *ovoïde* et *circulaire* (Pl. I, N°s 9, 10). En effet, la première offre un grand avantage pour l'écoulement de l'eau qui s'y fait plus rapidement, mais les difficultés et l'irrégularité dans le placement l'ont fait repousser aussi, et l'on s'en tient généralement maintenant aux tuyaux *circulaires*.

Dès le commencement de cette notice, j'ai dit que leur diamètre varie suivant la quantité d'eau qui doit être emmenée et selon la pente du terrain. Celui des *tuyaux ordinaires de desséchement* peut être d'un pouce anglais, 25 millimètres, dans la plupart des cas, et il vaut mieux en placer deux et même trois à côté l'un de l'autre ou les uns sur les autres, que de leur donner un diamètre trop large, parce que l'écoulement est plus rapide et la casse moins à redouter.

D'après ce qui a été dit, un peu plus haut, de la facilité avec laquelle l'eau s'introduit par les joints, et d'après les faits constants, ce diamètre suffirait pour emmener, en douze heures, une couche d'eau de 62 millimètres d'épaisseur, quantité inconnue dans nos climats, vu que les pluies les plus fortes ne donnent guère que 37 millimètres en vingt-quatre heures. (Parkes, Stephens.)

Parkes raconte que toute la propriété de sir Robert Peel, à Drayton-Manor (1 200 hectares), ayant été drainée et les conduits s'étant bouchés par suite d'un dépôt composé de

Silice et alumine avec trace de chaux.	49,2
Peroxide de fer.	27,8
Matières organiques.	23,0
	100,0

il eut recours à des tuyaux d'un pouce qui ne se bouchèrent plus. Il faut dire qu'il leur donna plus de pente, plus de profondeur, et qu'il les posa avec des *manchons* ou *engainés* dans des tuyaux plus forts.

On commence à abandonner cette dimension et l'on adopte 30 à 35 millimètres de diamètre intérieur comme minimum. M. Raillard défend cette dernière mesure avec chaleur, et M. Payen réclame $0^{m},035$ à $0^{m},051$. Il ne faut pas néanmoins rejeter entièrement le diamètre de 25 millimètres, suffisant dans beaucoup de terrains et de travaux.

La pente qu'il est possible de donner aux saignées et leur longueur, influent considérablement sur le diamètre à employer; une pente forte et une distance courte, permettront plutôt l'usage de 25 millimètres, qu'une pente faible et un long trajet.

Aussi emploie-t-on utilement un diamètre plus fort, à mesure que la distance devient plus considérable.

Les *tuyaux collecteurs* ne peuvent être compris dans ces proportions car ils sont destinés à recevoir les eaux de plusieurs *drains d'asséchement.* Leur diamètre doit donc être calculé d'après celui de ces derniers, c'est une des raisons qui démontrent l'inutilité d'un trop grand diamètre pour les petits drains.

En effet, dans les plans (Pl. II, III, IV) qui nous sont fournis par M. Leclerc, dans celui des travaux exécutés à Faulquemont par M. Ardant, sous la direction de M. Barbay (Pl. V), on voit que les collecteurs de 5 et 6 centimètres, C, D, reçoivent l'eau de nombreux petits drains de 25, 30 et même 35 millimètres, A, B; dans le plan N° II, tous les tuyaux d'asséchement sont de 25 millimètres; il y a même des collecteurs de $0^{m},035$. Si l'on suppose ce diamètre insuffisant, il faut aussi donner aux *mains-drains* une mesure plus considérable que celle adoptée jusqu'à ce jour.

Il est très-utile d'avoir recours aux *mains-drains* ou

collecteurs lorsque la distance est trop longue, lorsqu'il y a diverses pentes et que l'on doit réunir les eaux sur un même point avant de les conduire à la décharge générale (Pl. IV).

Les *collecteurs* sont quelquefois munis de *branches* qui permettent de les relier aux *drains d'assèchement*. Dans ce cas, ils augmentent bien la dépense totale, parce qu'ils doivent être faits à la main; mais cet accroissement ne peut être très-fort, car il ne faut qu'un tuyau d'embranchement par ligne de petits drains.

Toutes les fois que le drain collecteur *couvert* ne sera pas réclamé par la longueur et les variations de la pente, par la nécessité de passer sous le terrain d'un voisin, et par l'embarras qu'apporterait à la culture un *fossé à ciel ouvert,* je conseillerai de le faire de cette dernière manière, en consolidant les tuyaux par des pierres et en les garnissant d'un fil de fer qui empêchera l'introduction des animaux malfaisants.

L'on posséderait toute la théorie du drainage, et le choix serait fait entre les *pierres* et les *tuyaux,* qu'il faudrait encore être à même de se procurer facilement ces derniers, pour les employer avec tous les avantages qu'ils apportent au drainage, ÉCONOMIE et PERFECTION. Si les frais de fabrication et de transport devaient être très-élevés, personne ne voudrait abandonner une vieille pratique pour en adopter une nouvelle qui serait plus coûteuse. C'est ce qui a rendu les machines à fabriquer les tuyaux si nombreuses en Angleterre, d'où elles sont venues en Belgique et en France. Les plus répandues sont d'Ainslie, de Clayton, de Whitehead, de Dovie, de Scragg et de Williams[1].

[1] On peut évaluer à 90 le nombre de machines répandues en France jusqu'en 1852, savoir : Clayton et Calla, 44 ; Ainslie ou Thackeray, 30 ; Whitehead, 6 ; diverses, 10. Il a été accordé par le Gouvernement aux sociétés et comices, 55908 francs 80 centimes. (Journal d'agriculture.)

La machine Ainslie, la première introduite en France et modifiée par M. Thacheray, est à *mouvement horizontal et continu;* elle peut s'adapter à un manége, à un moteur quelconque, et permet de fabriquer non-seulement des briques pleines ou creuses, mais des objets de toute longueur. La terre, présentée en tranches très-minces, est prise et poussée dans un coffre vers la *filière* ou *moule à tuyaux,* par deux *cylindres lamineurs* tournant sur eux-mêmes en sens contraire, comme font les cylindres d'une machine à battre. Les tuyaux sont toujours nets et exempts des *soufflures* produites par les machines à pression verticale ou horizontale. La machine Ainslie exige seulement deux hommes et deux enfants pour fonctionner très-rapidement et produire, par jour de dix heures de travail, 4000 à 8000 tuyaux, selon leur diamètre. La petite coûte 600 f., la grande 1 000. M. de Rougé a employé celle-ci avec beaucoup de succès au Charmel. MM. le baron de Veauce, dans l'Allier; — le duc d'Escars, dans la Sarthe; — Crespel, dans le Pas-de-Calais; — le comte de Cossé, dans le même département; — le baron de Rothschildt, à Ferrières, Seine-et-Marne; — Vauthrin, dans le Doubs; — les départements du Haut-Rhin, — d'Indre-et-Loire, — de l'Indre; la Gironde, — le Loiret, — l'Ain, — la Loire-Inférieure, — la Corrèze, — le Finistère, — les Pyrénées-Orientales, — la Côte-d'Or, etc., la possèdent. Le département de l'Oise, que nous avons déjà cité comme modèle, l'a préférée à toute autre; la Société de drainage en a quatre, du prix de 600 francs.

Parmi les machines à pression, celle de Clayton est, sans contredit, la plus recommandable; importée par M. E. Gareau, elle est généralement employée dans les grandes fabriques. La pression verticale se fait dans deux *caisses cylindriques,* mobiles, amenées tour à tour au-dessus du moule à travers lequel la terre est poussée par un piston. L'usage de cette machine est très-répandu en Belgique; j'ai pu y constater le grave inconvénient résultant de la compression de l'air dans les cylindres. Beaucoup de tuyaux sont crevés à la sortie du moule; je crois toutefois qu'avec des soins on peut faire disparaître ces accidents. La machine Clayton est également employée presque partout en France. Son prix est de 1200 fr.

La machine Whitehead a beaucoup d'analogie avec la machine Williams. Jusqu'à ce que j'eusse entendu un des habiles agronomes du département du Cher, M. Lupin, en faire l'éloge au Congrès central, j'avoue que je la classais parmi les plus imparfaites. Sa pression horizontale se fait dans une caisse rectangulaire en fonte, dont le dessus à charnières se lève, et permet de placer la terre. Il en est de simples et de doubles. Dans les premières, le piston ayant été poussé au fond de la caisse, est ramené pour que l'on puisse nettoyer et remplir de nouveau celle-ci; il y a donc une perte de temps ménagé, au contraire, dans la machine double. La retraite du piston, d'un côté, produit le mouvement de pression dans la deuxième boîte. Un ouvrier est spécialement occupé à remplir les caisses. Je dois dire qu'un fabricant de céramique des environs de Metz, M. Bouvert, établi maintenant à La Villette près Paris, m'avait, il y a trois ans, donné l'idée d'une semblable machine à double mouvement qu'il voulait faire construire lui-même pour un prix très-modique.

La machine Whitehead est fort connue aussi. Le Comice de Metz et la Société d'agriculture de Nancy la possèdent.

Bien que partout où l'on fabrique des tuiles on puisse faire de bons tuyaux de drainage, il faut remarquer que la terre, bonne pour les unes, qui sont faites à la main, ne se façonne pas toujours convenablement pour les autres dans les machines; elle doit être préparée et souvent mélangée dans des proportions qui la rendent plus *ductile* ou plus *plastique,* selon le besoin.

La pratique et l'art céramique doivent être appelés ici au secours des observations que chacun est à même de faire; la meilleure terre est, dit-on, composée comme il suit:

8 argile végétale.
1 argile forte.
1 sable.
10

Mais il y a dans les diverses argiles végétales et terres franches, des qualités qui peuvent changer les proportions admises et que l'habitude du maniement de ces terres peut seule corriger.

Une fabrication considérable entraîne nécessairement de nombreux accessoires pour le séchage, le roulage, la cuisson des tuyaux, et surtout pour la préparation de la terre. Sans ces accessoires *indispensables,* il ne serait guères possible de faire de bons tuyaux, et l'on compromettra l'avenir du drainage.

Voici le prix de fabrication des 1000 tuyaux de 0m,030 à 0m,035. Ces prix, excessivement bas, sont établis sur les documents fournis par l'établissement de Thumaide.

Extraction, manipulation et transport de la terre à la fabrique	2f	»
Corroyage de la terre au moyen du pétrin	1	»
Transport de la terre du pétrin à la machine à mouler les tuyaux, et moulage	1	20
Transport des tuyaux et des manchons sur les séchoirs	»	80
Roulage des tuyaux	»	50
Transport au four et enfournement	1	40
A reporter	6	90

Report.	6f 90
Bois, houille et main-d'œuvre pour la cuisson	1 35
Défournement.	» 25
TOTAL.	8 50

En Angleterre, les 1 000 tuyaux ayant 5 centimètres de diamètre intérieur et 7 centimètres et demi de diamètre extérieur, sur 38 centimètres de longueur, se font à raison de 13 fr. 44 c.

Je crois devoir donner encore un tableau des prix de vente des tuyaux dans les diverses fabriques de Belgique. Ce tableau et le précédent sont extraits des rapports officiels faits au gouvernement belge, pour 1851.

Tableau indiquant le prix et le poids des tuyaux de drainage et des manchons, suivant leur diamètre et par mille, pris à la fabrique[1].

LARGEUR ou diamètre eu millimètres.	TUYAUX.	MANCHONS.	TOTAL.	FABRIQUES.
25	15 »	4 50	19 50	Haine St-Pierre, Tubize, Gembloux, St-Gilles, Ghislenghien, etc., etc.
25	16 »	5 50	21 50	Audenarde.
30 à 35	13 50	3 »	16 50	Thumaide 950k, les manchons 450 à 600k.
35	15 »	6 »	21 »	Andennes.
35	18 »	5 50	23 50	Haine St-Pierre, Tubize, Gembloux, St-Gilles, etc., etc.
35	19 25	5 50	24 75	Audenarde.
40 à 45	18 »	4 »	22 »	Thumaide.
45	17 »	8 »	25 »	Andennes.
50	22 »	7 »	29 »	Haine St-Pierre, Tubize, Gembloux, St-Gilles, Ghislenghien.
50	24 »	7 50	31 50	Audenarde 1100k.
50 à 52	20 »	5 »	25 »	Thumaide.
60	22 »	10 »	32 »	Andennes (d'adord 20f pour les tuyaux et 5 pour les manchons.)
60	24 »	6 »	30 »	Thumaide 1300k.
60	25 »	7 »	32 »	Tubize Gembloux St-Gilles, Ghislenghien.
60	25 »	11 »	36 »	Haine St-Pierre.
60	29 »	8 »	37 »	Audenarde.
80	30 »	» »	30 »	Andennes.
80	32 »	9 »	41 »	Thumaide.
80	32 »	11 »	43 »	Tubize, Gembloux, St-Gilles, etc.,
80	32 »	18 »	50 »	Haine St-Pierre.
80	35 »	11 »	46 »	Audenarde.
95	38 »	» »	38 »	Andennes.

[1] M. Barral nous fournit de précieux renseignements sur la fabrication

V.

Quels terrains on doit drainer d'abord — Cultiver peu et bien. — Plans; *Inspection du terrain. — Tracé des saignées. — Parallélisme. — Les drains doivent suivre la pente du terrain. — Profondeur. — Espacement. — Longueur des pentes. — Tableaux.*

Pour faire un choix entre les terrains auxquels il faut appliquer le drainage en premier lieu, si nous ne voulons pas les soumettre tous à cette opération, conservons autant que possible ce qu'il y a de bon dans les pratiques de nos devanciers à ce sujet; imitons leur prudence et leur sagacité; tâchons d'obtenir des *améliorations* avant de chercher la *perfection*, et souvent les deux choses se trouveront réunies; prenons comme règle, la distinction entre les *anciennes idées* s'attachant seulement à enlever les eaux intérieures surabondantes, et les *idées nouvelles* dont le but est aussi de procurer au sol, en plus grande quantité, les richesses répandues dans l'atmosphère « notre » plus riche magasin d'engrais. »

Un cultivateur qui s'occuperait exclusivement de quelques champs de prédilection, leur consacrerait tous ses soins et ne distribuerait aux autres qu'un peu de fumier, un ou deux labours au plus, un léger hersage, point de binage, se ruinerait vite et détériorerait son bien. Les produits de terres ainsi traitées couvriraient à peine les frais de culture. Celui-là, au contraire, fera d'excellentes

des tuyaux en France. Les détails qu'il donne sur leur diamètre, leur prix et leur poids dans divers établissements, prouvent que l'on n'est pas encore parvenu à les confectionner au prix auquel on les obtient en Belgique et surtout en Angleterre. Cette différence provient, dit-il, des frais de cuisson et du haut prix du combustible.

Nous attendons avec impatience et recommandons particulièrement le travail complet que M. Barral se propose de publier prochainement.

affaires et tiendra sa ferme en parfait état, qui, *mesurant sa tâche à ses moyens*, s'il ne peut augmenter ceux-ci en raison de sa besogne, laissera de côté, en pâturages, quelque médiocres qu'ils soient et n'exigeant aucun frais, les sillons qu'il ne pourra convenablement cultiver, pour s'occuper plus spécialement des autres. Les engrais répartis en quantité suffisante, les labours fréquents et profonds, si indispensables aux belles récoltes, lui donneront bientôt de quoi augmenter son train, son bétail, ses troupeaux, voire même ses granges et ses fenils. Il pourra alors faire rentrer dans l'assolement général, pour en tirer de nouveaux produits, les sillons mis intelligemment en réserve.

Le drainage, et surtout le drainage moderne, est merveilleux en ce que ses effets ne sont pas *lents et progressifs* comme ceux des autres améliorations agricoles; souvent ils sont *instantanés*. Tel terrain tout-à-fait improductif depuis des siècles, étant drainé avant l'hiver, pourra recevoir les cultures de mars et donner de magnifiques récoltes de printemps, de même que, drainé au printemps, il produira, l'année suivante, sinon de beaux colzas, certainement les plus beaux blés du confin. Il deviendra tout d'abord aussi fertile que les champs de même nature auxquels il se trouvera assimilé par suite de l'assainissement complet. On comprend qu'un semblable terrain qui ne donnait rien, et qui donne maintenant ce que l'on est en droit de réclamer des meilleures terres du voisinage, peut procurer des bénéfices plus considérables que celui qui, étant déjà dans de bonnes conditions, ne fera qu'augmenter son rendement. D'un côté, les frais du drainage seront à peu près couverts par une récolte, ce qui permettra d'entreprendre de nouveaux travaux; de l'autre, ils ne seront payés qu'au bout de plusieurs années[1]. Chercher

[1] Je sais que cette opinion est controversée, mais je la crois fondée.

à perfectionner par le drainage des terres qui ne le réclament pas absolument, avant de s'occuper de celles qui, quoique de bonne nature, sont dans des conditions tout-à-fait mauvaises, par suite d'une trop grande humidité, serait imiter le cultiveur inintelligent dont j'ai parlé. Ce serait, à mon avis, une véritable folie.

La parfaite connaissance du sol et des expositions relatives, doit entrer pour beaucoup dans la détermination que l'on prendra de drainer tel ou tel sillon; les habitudes locales devront être consultées tant pour ménager l'écoulement des eaux, que pour ne pas contrarier ou déranger inutilement les assolements dans les lieux où la propriété est fort divisée.

Aussi, lorsque la nécessité de recourir au drainage est constatée par les notions que la science met à la disposition des esprits qui s'adressent à elle et par les signes extérieurs que nous avons indiqués et que tout *homme des champs* distingue facilement, la nature du sol, le mode de culture auquel il est soumis, les plantes qu'il produit, leur apparence et leur vigueur; lorsqu'il aura fait son choix, un judicieux draineur s'adressera encore à l'expérience de ceux qui cultivent ce terrain depuis longtemps.

Après avoir étudié les pentes diverses et les débouchés à donner aux eaux, soit extérieurement, dans des *fossés* ouverts qui les emmèneront au loin, soit intérieurement, dans des *puisards, puits perdus* ou *boitouts,* s'il n'y a pas d'issue ni de pentes [1]; après avoir exploré le sous-sol de places en places, la sonde à la main, et d'espaces en espaces par des trous assez larges, faits à la bêche, il reconnaîtra sa composition jusqu'à la profondeur de 4 à 5 pieds, et la manière dont les eaux se comportent; il verra si elles

[1] Les Perses perçaient des puits perdus appelés kerises jusqu'à 50 mètres de profondeur.

viennent de l'intérieur ou si elles ne sont que les provisions des pluies ; quels sont les siéges principaux des sources ; à quelle profondeur il faut descendre pour les *couper;* il se rendra compte de la facilité d'exécution des travaux et de la distance à laquelle les tranchées devront être placées. Il fera le nivellement général, lèvera le plan et jalonnera les lignes de saignées (Pl. II, III, IV, V).

« Avant de déterminer le tracé que suivront les lignes » de saignées à travers le champ dont on veut obtenir le » desséchement, on a recommandé de creuser par ci par » là des fosses d'une profondeur d'un mètre et demi à » deux mètres et demi, suffisamment spacieuses pour permettre à un homme d'y travailler à l'aise et d'explorer » ainsi une assez grande étendue de couches sous-jacentes » pour faire connaître, d'une manière certaine, la partie » d'où s'échappe la plus grande quantité d'eau. » (Stephens.)

Les arbres et les haies sont de dangereux voisins ; les tuyaux devront en être écartés de 7 à 10 mètres (Pl. II). Les indications des pentes plus ou moins rapides, des sources, des variations dans la composition du sous-sol ; la position des fossés de décharge, F, des puisards, des collecteurs, B, C, D, E, et des drains de desséchement, doivent être bien déterminées sur ce plan afin que l'on puisse se rendre compte, s'il en était besoin, des causes qui empêcheraient l'écoulement de l'eau.

Il ne faut pas perdre de vue que les lignes de drains doivent être droites et parallèles autant que possible, et suivre les diverses inclinaisons du terrain, afin de produire un asséchement régulier, complet et uniforme ; par conséquent, chaque plan de pente aura son réseau de drains (Pl. IV). Cependant s'il se rencontrait des sources en dehors de ces lignes, on irait les chercher par des saignées spéciales. On se gardera bien de se conformer, pour les fossés couverts, aux principes émis par Thaer. Ce célèbre agronome, appuyé par plusieurs praticiens, veut que les lignes de desséchement soient *transversales* à la pente du sol. Mais cette opinion, bonne quand il s'agit de fossés ouverts, est victorieusement combattue par tous ceux qui se sont occupés du drainage. Il suffira de dire avec ces derniers que si les drains étaient placés transversalement, les eaux intérieures continueraient à suivre la pente naturelle *des diverses couches du sol,* et se répandraient encore à sa surface dans la couche végétale, tandis que *les couches intérieures, se trouvant coupées longitudinalement,* dans toute leur *longueur,* l'eau tombera à droite et à gauche dans les tuyaux[1].

Les drains collecteurs se placeront toujours dans les parties les plus basses, et de 6 ou 8 centimètres plus profonds que les petits drains, leur diamètre sera en raison du nombre et de l'étendue des petits drains qu'ils égoutteront. Si les lignes de ceux-ci devenaient trop longues et trop nombreuses, il faudrait les recouper par un autre collecteur ou augmenter progressivement le diamètre des premiers tuyaux. Il convient que les points de rencontre ne soient pas à angle droit, afin de faciliter l'écoulement. Nous avons vu que le diamètre des collecteurs varie de 5 à 8 centimètres et s'élève quelquefois à 12 centimètres. La longueur des lignes peut être de 250 mètres. Toutes ces indications sont données sur les plans II, III, IV, V, et principalement sur l'avant-dernier, par les lettres B, C, D, E.

Il a été suffisamment parlé de la profondeur des tranchées; elle doit être en moyenne générale de $1^{m},20$ et atteindre la couche imperméable, *sur* ou *dans* laquelle les

[1] M. le comte de Gourcy, dans un voyage agricole en Allemagne, signale le drainage imparfait d'Hohenheim exécuté avec des pierres et d'après les principes de Thaer. (Journal d'agriculture pratique.)

tuyaux se placent. Comme nous l'avons dit aussi, l'écartement est basé sur cette profondeur, sur la consistance, la perméabilité et la pente du terrain. En général, elle sera de $8^{m},50$ et $9^{m},50$, à 11 et 13 mètres; elle variera d'un mètre par 10 centimètres de profondeur, et l'on peut en déterminer la moyenne à 10 mètres.

Ecartement des lignes de drains d'après les sols et pour une profondeur de $1^{m},20$.

NATURE DU SOL.	ÉCARTEMENT. minim.	ÉCARTEMENT. maxim.
Terrain sablonneux.	15	20
Terrain tourbeux.	11	14
Argile entremêlée de sable, de graviers et de pierres.	10	15
Sous-sol crayeux.	8	11
Argile homogène.	7	10

Ces mesures sont adoptées assez généralement en France. De son côté, Stephens demande :

Terres légères, 1,22 de profondeur.	9,14
Terre forte, 0,91 1/2 de profondeur.	4,57
Idem. 1,22 de profondeur.	7,30

Nous répétons que la pente doit être régulière autant que possible et ne pas suivre les *légères* ondulations du sol, afin d'éviter les dépôts qui se formeraient en certains endroits. De cette uniformité (souvent on n'y fait pas assez attention dans la pose des tuyaux), dépend le succès du drainage. Lorsque le terrain sera trop plat pour procurer une pente naturelle suffisante, on la fera *artificielle* en creusant moins la tête de la tranchée. La longueur de chaque petit drain variera selon sa pente, son écartement et selon le diamètre des tubes (ou plutôt le diamètre des tubes variera selon la longueur du drain), elle sera de

125 à 135 mètres pour des tuyaux de 25 à 30 millimètres et un espacement de 10 mètres.

On aura, dans le tableau suivant, des données générales admises en France, sur tous ces points; on les modifiera d'après certaines causes qu'il est impossible de déterminer pour chaque localité. M. Leclerc a pris pour base de ses calculs, les plus fortes pluies évaluées à 0,01 par jour, et il admet qu'il faille vingt-quatre heures pour en débarrasser la terre [1].

Tableau indiquant la longueur des drains en raison des pentes et de l'écartement, les tuyaux ayant 0,025.

ESPACEMENT	PENTE		LONGUEUR.
	pour 100 mètres.	pour 1 mètre.	
7 mètres.	0,20	0,002	108
Id.	1,00	0,010	246
Id.	10,00	0,100	788
10 mètres.	0,20	0,002	75
Id.	1,00	0,010	172
Id.	10,00	0,100	551
13 mètres.	0,20	0,002	58
Id.	1,00	0,010	132
Id.	10,00	0,100	424
16 mètres.	0,20	0,002	47
Id.	1,00	0,010	207
Id.	10,00	0,100	344

[1] On a vu ci-dessus que douze heures après une pluie abondante les tuyaux ne donnaient plus d'eau.

Un autre calcul sur la pente à donner aux drains, d'après leur diamètre, pour obtenir l'écoulement d'une certaine quantité d'eau par minute, a été fait par la commission hydraulique du département de la Sarthe, et se rapporte au tableau précédent.

Tableau indiquant le diamètre des tuyaux et la pente par 100 mètres, pour obtenir l'écoulement de certaines quantités d'eau par minute.

DIAMÈTRE de la CONDUITE.	PENTE, PAR 100 MÈTRES DE CONDUITE, POUR UN DÉBIT, PAR MINUTE,				
	de 3 LITRES.	de 6 LITRES.	de 9 LITRES.	de 12 LITRES.	de 15 LITRES.
m 0,025	m 0,090	m 0,292	m 0,609	m 1,042	m 1,591
0,030	0,043	0,129	0,261	0,441	0,666
0,035	0,024	0,066	0,130	0,216	0,323
0,040	0,015	0,038	0,075	0,118	0,175
0,045	0,010	0,024	0,044	0,070	0,105
0,050	0,007	0,016	0,029	0,045	0,065
0,055	0,005	0,011	0,020	0,030	0,043
0,060	0,004	0,008	0,014	0,021	0,030

VI.

Exécution des travaux. — Outils spéciaux. — Collecteurs. — Drains de dessèchement. — Niveau des pentes. — Vérification. — Pose des tuyaux. — Manchons. — Comblement des tranchées. — Prix du drainage. — Tableau. — Qui doit supporter les frais? — Avantages résumés. — Irrigation et sous-irrigation. — Produits. — Obstruction des drains. — Vers. — Travaux dans le département de la Moselle.

Toutes ces indications prises, et les plans arrêtés, on

creusera les saignées en faisant usage des outils spéciaux qui rendent le travail beaucoup plus facile.

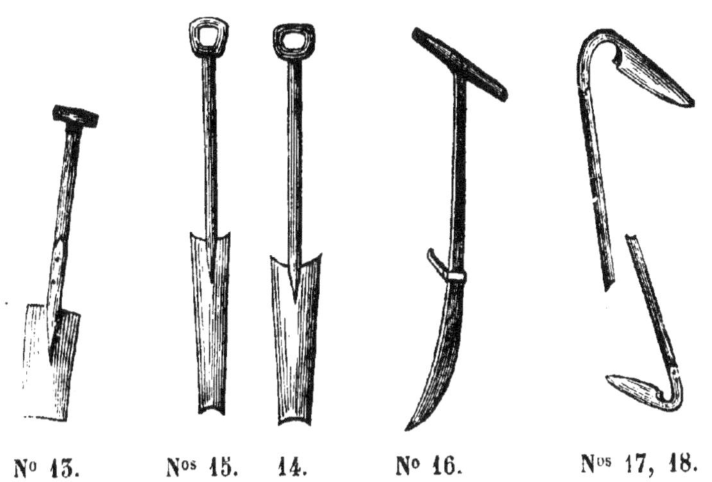

N° 13. N°s 15. 14. N° 16. N°s 17, 18.

Une *bêche* ou *pelle en fer* (N° 13), plus large et plus haute que les bêches du pays, sert à enlever les premières tranches sur une largeur de 30 centimètres, lorsque l'on ne fait pas usage d'une charrue habilement dirigée. Deux autres bêches (N°s 14 et 15), *plus étroites* et *cintrées,* s'emploient à mesure que la saignée devient moins large. Les tranches de terre doivent être fort *minces* et aussi longues que possible. Souvent la partie supérieure de la lame des bêches est garnie d'un rebord qui permet d'appuyer le pied pour les faire entrer plus avant.

Le *pic à pied* (N° 16), est très-utile dans les terrains serrés, graveleux et pierreux lorsque les premières levées ont été faites au *pic ordinaire.*

La tranchée est nettoyée à l'aide de la *pelle ordinaire,* et, lorsqu'elle devient trop étroite, avec des *curettes* ou *écopes* de différentes largeurs (N°s 17 et 18), que l'ouvrier manie en se tenant debout, les pieds des deux côtés de la tranchée. Il n'est pas besoin de donner d'autres indications sur ce travail auquel des terrassiers intelligents s'habitueront fort vite. Les saignées de drainage ne diffèrent des fossés ordinaires que par leurs dimensions *plus étroites*. Nous ne parlerons plus des accidents qui peuvent tromper les calculs et les prévisions, tels que les pierres à enlever, les éboulements, les fonds marécageux ; l'intelligence saura les parer.

On commencera par ouvrir les *collecteurs* aux points les plus bas du terrain, afin de donner tout de suite un écoulement à l'eau qui se rencontrerait ; — ils doivent être, on l'a déjà vu, de 6 ou 8 centimètres plus profonds que les *drains de dessèchement*. Ceux-ci s'ouvriront successivement dans le même ordre, c'est-à-dire par les parties les plus basses, en commençant aux points de jonction avec les *collecteurs*, et en raccordant les pentes.

Il est excessivement important de donner au *fond* des tranchées une pente *uniforme* et *indépendante des légères ondulations* de la surface du sol ; — à cela tient en grande partie la réussite du drainage. Le nivellement général fera donc connaître aux terrassiers la profondeur nécessaire aux extrémités, afin qu'ils puissent la reporter à chacun des piquets qui seront plantés de 10 en 10 mètres.

« Aussitôt que la première tranche est enlevée dans
» toute la longueur d'une saignée ou dans la partie de
» celle-ci *dont le fond doit conserver la même pente* d'un
» bout à l'autre, on établit, aux deux extrémités, de petits
» piquets en bois, plantés verticalement dans le sol, de
» manière à ce que leurs têtes se trouvent *à une même*
» *hauteur au-dessus du fond de la rigole en ces endroits ;*
» puis on place le long de celle-ci, et *tout contre le bord*,
» d'autres piquets verticaux, distants de 5 mètres les uns
» des autres, et dont on amène la tête dans la ligne qui
» réunit les sommets des *deux premiers*. Cette dernière
» opération se fait à l'aide de *trois voyants* d'égale lon-

» gueur, faits en forme de T, dont deux sont placés sur » les piquets, et le troisième est promené successivement » sur les piquets intermédiaires. » (Leclerc.)

Les opérations relatives au drainage offrant, en général, beaucoup de régularité dans leurs détails, doivent être exécutées à la tàche et par ateliers de trois, quatre ou cinq hommes chargés chacun d'une spécialité. Avant de faire la *dernière levée,* l'ouvrier vérifiera la profondeur qu'il doit atteindre, à l'aide d'une baguette ayant la hauteur voulue, et qu'il fera *affleurer la tête* de chacun des piquets à mesure qu'il les rencontrera. S'il est important de descendre assez *à fond,* il faut cependant se garder d'aller trop bas afin de n'être pas obligé de remettre de la terre dessous les tuyaux. Le conducteur ou chef ouvrier aura soin de vérifier encore lui-même les niveaux et les profondeurs avant de laisser placer les tuyaux. Cette vérification pourra se faire très-promptement aux *voyants* posés dans la tranchée.

Autant que possible, une saignée ne doit être remplie que lorsqu'elle est creusée dans toute sa longueur, afin que la pose des tuyaux y soit mieux réglée; il est même très-bon de les laisser toutes ouvertes pendant quelque temps dans les *sols tenaces* qui, sans cette précaution, résisteront plusieurs années à l'action du drainage. Aussi doit-on chercher à faire les travaux en *bonne saison* et lorsque le terrain, gazonné naturellement ou artificiellement, n'est que *légèrement humide.* Lorsque le drainage est exécuté en temps de pluie, dans les terres fortes, son effet est moins prompt encore parce que l'argile s'imprégnant d'eau, s'empâte dans toute l'épaisseur du sol, et se durcit au contact subit de l'air[1].

[1] Les labours opérés dans la terre forte par un temps humide lui font

Les *tuyaux* seront amenés sur place dans ces petites voitures à deux chevaux, si fort recommandées par Dombasle pour tous les charriages interrompus et minutieux. M. Barral emprunte aux Anglais l'échelle suivante pour le chargement d'un charriot à quatre chevaux :

8000	tuyaux de	0^m,025
7000	—	0^m,032
5000	—	0^m,044
3500	—	0^m,057
3000	—	0^m,070

Il est probable que ces données s'appliquent aux transports sur les routes. L'épaisseur des tuyaux, leur diamètre et la fermeté du sol, détermineront la quantité qu'il sera possible de transporter au moment où ils devront être mis en œuvre.

Ils seront garnis des manchons, si l'on en fait usage, et rangés le long des saignées. Le *poseur* se tiendra debout, prendra les tuyaux et leur manchon, à l'aide du crochet (N° 19) qui peut être considérablement simplifié, et les déposera au fond du fossé en introduisant le bout du tuyau dans le manchon déjà placé ; il appuiera sur la *douille* du crochet de manière à faire entrer le manchon en terre, afin de donner plus de solidité aux tubes et d'éviter qu'il y ait du vide ou porte-à-faux ; ce qui, du

perdre la porosité que la gelée lui avait donnée (Payen). M. de Gasparin rapporte avoir vu dans le climat du Midi, un champ ouvert, un peu humide au printemps, qui ne put être semé en automne faute de pouvoir en briser les mottes.

reste, n'est pas un grave inconvénient; le vide se remplira bientôt, comme je l'ai dit, et dans tous les cas, les tuyaux doivent être de nature à supporter une très-forte charge et le pilonnage donné à la terre qui les recouvre.

Les tuyaux de grande dimension ou *collecteurs* se posent à la main et en dernier lieu; le manchon n'est pas aussi indispensable pour leur maintien parce qu'ils peuvent être assujettis avec plus de soin.

On parle de placer d'abord les collecteurs des points les plus bas et les tuyaux de dessèchement ensuite, les raccordant ensemble, excepté quand le terrain est imprégné d'eau et qu'elle coule dans les tranchées, ce qui forcerait à commencer par les points les plus élevés. Mais il est préférable, en toutes circonstances, de commencer par les petits drains des points les plus élevés, pour éviter qu'il s'y introduise de la terre au moment de la pose. Il est bon d'ailleurs de laisser les saignées des collecteurs ouvertes pendant quelque temps, afin de juger l'effet des drains de dessèchement.

Je ne discuterai plus la préférence que l'on doit accorder aux manchons sur les tuileaux placés, à l'aide d'*une pince en bois,* sur les joints. Il est évident qu'il y a, d'un côté, économie dans le travail, plus grande régularité dans la *pose* et sécurité pour la *fixité* des tuyaux, dans lesquels la terre ne peut pas entrer aussi facilement. — Dans les terrains *mous* surtout, les manchons établissent une grande *solidarité* entre tous les tuyaux.— Quelquefois même, dans ce dernier cas, on emploie *doubles tuyaux,* les engainant les uns dans les autres.

Les tuyaux étant vérifiés aussi par le chef-conducteur, on rejette 30 ou 40 centimètres de la plus mauvaise, de la plus forte terre que l'on a soin de tasser convenablement et uniformément à l'aide d'une *demoiselle* ou *hie* en bois, et lorsqu'un grand nombre de tranchées sont ainsi préparées, on les remplit avec la charrue; de cette manière on peut combler toutes les saignées d'un hectare pour 6 fr.

Fait dans ces conditions, en sol ordinaire, le drainage d'un hectare coûte, en moyenne, 182 fr. 85 c. répartis, par M. Leclerc, dans les proportions suivantes :

Creusement des saignées, pose des tuyaux et remplissage partiel de 30 ou 40 centimètres à raison de 7 centimes par mètre	71 fr.	61
Achat des tuyaux, collecteurs et manchons compris	77	18
Transport des tuyaux depuis la fabrique . .	10	00
Transport des tuyaux sur le terrain et apprêt des manchons	8	00
Remplissage des saignées à la charrue . .	6	00
Paille, grille, maçonnerie.	4	00
Usure des outils.	1	80
Rétribution à l'ingénieur pour les études et le plan.	4	26
Total.	182	85

Le mètre courant de drain achevé reviendra à 18 centimes environ.

Sur cinquante-huit opérations, le prix moyen a varié de 160 fr. 30 c. à 286 fr. 01 c. l'hectare, dans des terres argileuses et fortes, et il a été de 0 f. 18 c. le mètre courant.

M. de Saint-Venant dit qu'en Angleterre on voit des drainages qui ont coûté de 60 à 500 et 800 fr. par hect.

M. Payen, dans son très-remarquable rapport au gouvernement, assure que des tuyaux de $0^{m},051$ de largeur sur $0^{m},35$ de longueur étant placés à une profondeur de $1^{m},53$, les tranchées étant distantes de $4^{m},88$, l'hectare de terre revient à 135 ou à 247 fr., ce qui correspond à 9 ou 12 centimes par mètre de drain achevé[1].

M. Lefour a constaté, de cette manière, les frais d'une opération faite en Belgique, chez M. Claes de Lemberg, sur trois hectares de terre argilo-siliceuse homogène :

3119 mètres courants de rigoles à 1m,25 de profondeur sur 0m,40 de largeur à l'ouverture et 0m,07 au fond, à 0 fr. 7 c. le mètre courant.	218 fr.	33
7800 tuyaux de 0m,25 à 19 fr. le mille.	148	20
1700 tuyaux de 0m,60 à 25 fr. le mille.	42	50
500 tuyaux de 0m,80 à 35 fr. le mille. .	17	50
Transport à pied d'œuvre et frais divers.	80	00
Total.	506	53

Soit 163 fr. 84 c. par hectare, 16 centimes par mètre courant (1 sou par pied). Dans quelques opérations, dit-il, la dépense n'a été que de 80 fr.

M. Gareau a fait exécuter des travaux qui revenaient à 210 et 225 fr. par hectare ou 32 centimes par mètre courant.

M. Lupin a drainé au prix de 112, 210 et 225 fr[2].

MM. Thoré et Monnoyer, propriétaires dans la Sarthe, ont fait exécuter des travaux qui ne dépassent pas 30 centimes le mètre ; tandis que tous les drains en bois de pin (Pl. I, Nos 2 à 6) coûtent 50 centimes au moins, et ceux en pierres cassées, ayant 0m,80 de profondeur (Pl. I, No 1), 65 centimes. Les conduits réguliers, ou *nocs* (Pl. I, Nos 3, 4, 5) ayant 0m,50 de profondeur sur 0m,40, coûtent, dans la Mayenne, 36 centimes. Je prie de remar-

[1] Ce prix me semble bien modique vu le diamètre des tuyaux.

[2] *Note sur le drainage* par un praticien (M. Lupin). Bulletin du Comice, t. VI, 1852, p. 44.

quer combien la profondeur de ces fossés couverts est peu considérable. La commission hydraulique de la Sarthe a publié, dans son excellente *Instruction sur le drainage*, au sujet de cet ancien système et du drainage anglais, une lettre de M. Lupin à M. Payen. Il en résulte que de tous les travaux exécutés à Ormoix (Cher), ceux en pierres ont toujours peu servi et coûté beaucoup plus cher que les autres.

M. le comte de Rougé a payé 12 centimes et demi du mètre courant pour le creusement de saignées à $1^{m},16$ en moyenne. Il fabrique lui-même ses tuyaux.

M. Henri Laure, dans de courtes objections soulevées par la remarquable notice de M. le comte de Vigneral, réclame, avec M. Hamoir, l'invention du drainage en faveur de la France. Il croit que les *ouïdes* ou rigoles souterraines (Pl. I, Nos 3, 4) qu'il construit depuis longtemps en Provence, dans les *moulières* de vignes et de plantations d'oliviers, valent mieux et coûtent moins cher que le drainage anglais.

Il a été répondu, je pense, à toutes les objections de cette nature. Je les terminerai en renvoyant à un tableau précédent et au suivant que j'ai combiné avec les données de Stephens. On y trouvera, par hectare, la *longueur* des tranchées en raison de leur *écartement*, — le prix du creusement en raison de la *profondeur*, — le nombre de tuyaux nécessaires,— leur prix— et enfin le prix total de l'opération.

Tableau indiquant le prix du creusement des saignées, le nombre et le prix des tuyaux, sur une surface d'un hectare[1]. (Stephens.)

DISTANCE entre les saignées.	LONGUEUR TOTALE des saignées.	PROFONDEUR et PRIX DU CREUSEMENT des saignées				NOMBRE DE TUYAUX de 0,38.	PRIX DES TUYAUX à 22f,69 le 1000.	TOTAL DU PRIX pour le creusement des saignées à 1,22 et les tuyaux.
		0,76.	0,91 1/2	1,06.	1,22.			
m. c.	m. c.	f. c.	f. c.	f. c.	f. c.		f. c.	f. c.
3 05	3281 39	219 66	313 81	407 94	502 10	8608	195 31	697 41
3 35	2983 27	199 70	285 28	370 87	456 46	7825	177 55	634 01
3 66	2734 66	183 05	261 50	339 93	418 42	7173	162 75	581 17
3 96	2524 46	168 97	241 42	313 54	386 26	6644	150 75	537 01
4 27	2339 14	156 57	223 68	290 79	357 90	6135	139 20	497 10
4 57	2187 73	146 45	209 21	271 97	334 73	5738	130 19	464 92
4 88	2050 99	137 28	196 12	254 95	313 81	5385	122 18	435 99
5 18	1930 08	129 18	184 56	239 37	295 31	5063	114 88	410 19
5 48	1826 12	122 25	174 63	227 02	279 41	4782	108 50	387 91
5 79	1727 13	115 60	165 14	214 69	264 26	4532	102 83	367 09
6 10	1640 80	109 83	156 90	203 97	251 05	4304	97 66	348 71
6 40	1562 82	104 60	149 43	194 26	239 12	4098	92 98	332 10
6 71	1491 63	99 85	142 64	185 42	228 23	3912	88 76	316 99
7 01	1427 58	95 56	136 32	177 05	218 42	3744	84 95	303 37
7 32	1367 32	91 52	130 75	169 96	209 21	3586	81 37	390 58
7 62	1305 17	87 36	124 31	162 25	199 70	3436	77 73	277 43
7 93	1262 14	84 48	120 71	156 96	193 10	3359	76 21	269 31
8 23	1215 34	81 36	116 21	151 09	185 94	3189	72 36	258 30
8 54	1171 09	78 45	112 06	145 70	179 32	3075	69 77	249 09
8 84	1130 91	75 70	108 14	140 59	173 02	2969	67 37	240 39
9 14	1093 86	73 21	104 60	135 97	167 57	2870	65 12	232 49
9 45	1058 59	70 86	101 22	131 60	161 98	2776	62 99	224 97
9 75	1026 06	68 69	98 10	127 55	156 99	2692	61 08	218 07
10 06	994 92	66 57	95 09	123 62	152 15	2608	59 17	211 32
10 36	965 03	64 59	92 28	119 68	147 66	2534	57 50	205 16
10 67	937 59	62 76	89 66	116 56	143 46	2460	55 82	199 28
10 97	914 34	61 21	87 44	113 66	139 90	2391	54 25	194 15
11 28	886 83	59 35	84 79	110 28	135 70	2322	52 69	188 39
11 58	863 57	57 80	82 57	107 34	132 09	2263	51 34	183 43
11 89	841 40	56 32	80 47	104 60	128 74	2211	50 17	178 91
12 19	820 40	54 91	78 45	101 99	125 32	2154	48 87	174 39

[1] Les prix établis dans le tableau qui précède sont élevés. Il est, du reste, impossible de fixer le prix du drainage d'une manière absolue. En supposant les saignées creusées à une même profondeur et placées à une même distance, une foule de circonstances doivent faire varier la dépense de l'assainissement d'une même étendue de terre. Je citerai surtout le plus ou moins d'élévation des salaires, l'habileté plus ou moins grande des ouvriers, le plus ou moins d'éloignement des matériaux et les difficultés qu'offriront le sol et le sous-sol. (Note de M. d'Omalius.)

On s'est demandé très-souvent, par qui, du fermier ou du propriétaire, les frais de drainage doivent être supportés? Les uns, convaincus que les propriétaires sont en général incapables de faire valoir le sol qui leur appartient et qu'ils ne peuvent faire mieux que de l'abandonner au premier venu, prétendent qu'ils doivent se charger de tous les frais d'assainissement, et livrer leur terre en bon état, de même qu'ils doivent agrandir écuries et granges, à mesure que le fermier augmente sa production, le tout, sans exiger une *paire,* une *quarte,* un *sou* de plus dans le canon. D'autres, aussi injustes et persuadés que le fermier s'enrichit toujours, veulent qu'il entreprenne les travaux de drainage à ses risques et périls, puisque c'est lui qui profitera des bons résultats de l'opération. L'amélioration des terres par suite du drainage complet se fait principalement sentir, en effet, pendant les premières années, excepté dans les sols *très-tenaces,* où la dessiccation ne s'opère qu'à la longue ; il est certain que le fermier dont le bail est d'une durée convenable (neuf ans par exemple), retrouvera tous ses frais et un grand bénéfice.

Propriétaire ou fermier, il faut que chacun gagne au drainage, dans de justes proportions. Si le premier retire, avec la bonification de son sol, *un intérêt qui le fasse rentrer prochainement dans ses fonds,* et si le fermier, de son côté, profitant suffisamment de l'amélioration qu'il aura faite lui-même, retrouve également ses fonds plus tôt encore que le propriétaire, ils doivent être satisfaits tous les deux; lorsque réunissant leurs efforts, ils contribuent l'un et l'autre dans des proportions déterminées, ils doivent retirer chacun leur cote-part.

Beaucoup de propriétaires se contentent de 5 p. °/₀ de leurs avances. Il en est, m'écrit M. Gareau, qui ne demandent que 3, mais d'autres réclament 6 p. °/₀ ; nous n'hésitons pas à dire que si les fermiers consentaient, selon les circonstances, à payer 6 ou même 8 p. °/₀ ils auraient encore de beaux bénéfices, et beaucoup de terres seraient immédiatement drainées.

Nous arrivons naturellement à résumer quelques-uns des principaux avantages résultant du drainage, car il n'est pas possible de les citer tous :

1° Suppression des *billons élevés* et des raies de champs; — culture en tous sens; — facilité des charrois à la moisson et en toute saison.

2° Ameublissement du sol; — possibilité de faire les labours et les transports de fumier plus tard en automne, et quinze jours ou trois semaines plus tôt au printemps; — culture moins coûteuse et meilleure ; — récoltes de toute nature, plus précoces et de qualité supérieure ; — les céréales trouvant plus de fond, verseront moins.

3° Pâturages jusqu'aux derniers beaux jours de l'automne ; — raffermissement du sol ; les prairies ne seront plus abîmées par le piétinement des bestiaux; — disparition des herbes aquatiques; — nourriture plus substantielle. — Fourrages plus hâtifs au printemps.

4° Augmentation de toutes les plantes, céréales, fourrages, graminées, racines, etc., etc.

5° Enlèvement des substances et des sels nuisibles.

6° Les effets du drainage ne se font pas sentir seulement sur les denrées et les choses de l'agriculture, sur la santé et la vigueur des animaux; il est constaté par de nombreuses observations, nous l'avons vu, que l'*hygiène publique* y trouve un puissant secours. Non-seulement les *miasmes* qui s'élèvent des terrains humides sont détruits, mais encore, il est possible d'assainir les maisons construites sur des sols argileux et humides. Les *briques creuses* trouvent un salutaire emploi dans les murailles où elles établissent des courants d'air.

7° Si le drainage purge la terre de l'excès d'humidité

et lui procure tous les trésors atmosphériques, il sert puissamment les *irrigations*. Telles sources, telles eaux sont très-nuisibles lorsqu'elles se trouvent agglomérées par places dans le sol, qui deviennent on ne peut plus profitables lorsqu'également réparties à la surface, elles subissent elles-mêmes l'influence de l'air. Les fonds inférieurs profiteront ainsi de l'assèchement des fonds supérieurs. C'est là tout un sujet de dissertation qui a reçu de précieux développements dans le manuel des irrigations, par M. Villeroy.

8º Je signalerai aussi les résultats énormes que l'on peut obtenir en drainant superficiellement les prairies, les pelouses et les terres sèches dont le sous-sol est très-perméable, lorsque l'on est à même de les arroser par une eau courante. On établit les tuyaux à 30, 40 ou 50 centimètres seulement. Par moment, on les bouche à l'extrémité inférieure, et l'on y fait entrer l'eau, qui produit alors, bien réellement, l'effet que Thaer nous a signalé dans le pot de fleurs. On peut, de cette façon, arroser jusqu'au moment des fenaisons et des récoltes. C'est la sous-irrigation dont parle M. Thackeray.

Quoique l'augmentation des récoltes doive varier d'un lieu à un autre, on peut cependant prendre un type général pour faire toucher du doigt la différence entre des terrains drainés et des terrains non drainés. Je choisirai ce type en Angleterre où les expériences, déjà anciennes, loin d'être démenties par les observations de MM. Payen Lefour, de Gourcy, etc., reçoivent tous les ans, une nouvelle confirmation, des résultats obtenus en France.

Résultats d'une opération de drainage, obtenus sur la propriété de lord Hatherton, dans le comté de Stafford, en Angleterre.

QUANTITÉ de TERRES DESSÉCHÉES.			Valeur de la Terre avant le DESSÉCHEMENT.		FRAIS de Desséchem[t].	Valeur de la Terre après le DESSÉCHEMENT.		DIFFÉRENCE en faveur du Drainage.	
			par arpent.	valeur annuelle.		par arpent.	valeur annuelle.	par arpent.	Total.
arp.	ar.	perc.	f. c.	f. c.	f. c.	f. c.	f. c.	f. c.	f. c.
78	1	36	12 50	980 00	6568 00	33 75	2648 00	21 25	1668 00
19	1	32	12 50	242 50	1962 00	43 75	851 00	31 75	608 50
38	0	03	20 00	760 00	1317 50	50 00	1901 00	30 00	1141 00
82	2	02	19 00	1307 00	8670 00	37 50	3093 00	18 50	1786 00
30	3	24	12 50	386 25	3030 00	43 75	1351 25	31 25	965 00
81	1	34	10 00	814 00	5845 00	27 50	2240 00	17 50	1426 00
36	3	16	12 50	462 00	3360 00	37 50	1381 00	25 00	919 00
33	0	00	10 00	330 00	2036 25	32 50	1072 50	22 50	742 50
10	2	33	00 00	0 00	2260 00	62 50	668 75	62 50	668 75
10	0	08	00 00	0 00		26 25	264 00	26 25	264 00
9	0	00	15 00	135 00	1912 00	37 50	337 50	22 50	202 50
15	0	11	20 00	271 00	1037 00	41 25	621 00	21 25	350 00
21	2	10	19 00	403 25	1650 25	37 50	807 00	18 25	403 75
467	0	09	00 00	6091 00	37868 00	00 00	17236 00	00 00	11145 00

Quatre cent soixante-sept arpents, produisant annuellement 6041 fr. et pour lesquels on a fait une dépense de 37868 fr. ou 81 fr. 10 c. par arpent, donneront, après le drainage, 17236 fr. ou un bénéfice de 11145 fr., le tiers à peu près du capital employé [1].

[1] Thaer croit la dépense des fossés couverts dans les sols humides remboursée en deux ans.

Autre tableau du rapport de terrains de différentes qualités avant et après le drainage.

NATURE des RÉCOLTES.	TERRAIN INFÉRIEUR.			BON TERRAIN.		
	AVANT le Drainage.	Après le Drainage.		AVANT le Drainage.	Après le Drainage.	
		Première rotation.	Deuxième rotation.		Première rotation.	Deuxième rotation.
	Boisseaux.	Boisseaux.	Boisseaux.	Boisseaux.	Boisseaux.	Boisseaux.
Orge.....	25	33	29	27	38	36
Avoine...	35	47	44	38	52	50
Herbe par acre.....	f. c. 29 93	f. c. 64 91	f. c. 49 99	f. c. 39 96	f. c. 99 88	f. c. 89 91

M. le comte de Rougé obtint les résultats suivants qu'il a signalés lui-même :

« Avant de commencer mes travaux, je fis dresser un » procès-verbal en date du 30 juin 1851, constatant l'état » dans lequel était alors la terre. »

Il relatait que « vers le milieu de la pièce Courmont, » à la partie du nord, la terre, limon argileux mélangé » de glaise, est en partie recouverte d'eau suintant et » séjournant à la surface, même par les plus grandes sé» cheresses; que, dans les parties hautes, où l'eau ne » séjourne pas, la couche de terre est tellement dure et » serrée, que la culture en est extrêmement difficile par » les temps secs.

» Les récoltes, ajoutait le procès-verbal, ont de tout » temps été très-médiocres en qualité et en quantité, » remplies d'herbes marécageuses que faisait croître l'eau » contenue dans le sol.

» Ont signé ce procès-verbal :

» MM. Toulot, maire de Courmont;

» Ourdry, maire du Charmel;

» Et plusieurs cultivateurs, membres ou lauréats du » Comice agricole de Château-Thierry.

» La terre était, à cette époque, dans un état d'appauvris» sement extraordinaire; elle ne recevait ni culture suffi» sante, ni fumier d'aucune espèce depuis longues années.

» Dès que les tranchées furent ouvertes, instantanément » l'assèchement eut lieu ; et huit jours s'étaient à peine » écoulés, qu'un hideux marais où hommes et chevaux » enfonçaient, devenait un sol ferme et solide que je par» courais à cheval sans le moindre inconvénient. La saison » s'avançait ; je ne pus faire cultiver cette terre d'une » façon convenable.

» La pièce entière fut semée seulement le 20 octobre, » trois semaines plus tard qu'il ne fallait. Malgré tous ces » inconvénients, nous sommes arrivés aux résultats ins» crits dans le tableau suivant :

Pièce Courmont.

POUR UN HECTARE.	QUANTITÉ				VALEUR		FRAIS DE CULTURE.		PRODUIT NET.
	DE GERBES.	DE GRAIN exprimée en hectolitres.	DE GRAIN exprimée en kilogrammes.	DE PAILLE exprimée en kilogr.	DU GRAIN à 16 francs l'hetolitre	DE LA PAILLE à 20 francs le cent.	LABOURS à quatre chevaux.	ENSEMENCEMENT.	
AVANT LE DRAINAGE.									
	400	7	518	2000	112f	80f	Trois labours à 30f l'un .... 90f Hersage 10 100	45f	47f
APRÈS LE DRAINAGE.									
	760	17	1267	4480	272f	167f	Quatre labours à 2 chevaux et à 20f l'un. 80f Hersages 18 98	45f	291f
							Différence en plus..		244f

» Le drainage exécuté par les Anglais ayant coûté 235 fr. » l'hectare, il reste donc, en faveur de la terre drainée, » une différence de 9 fr.

Autre Terre.

POUR UN HECTARE.	QUANTITÉ				VALEUR		FRAIS DE CULTURE.		PRODUIT NET.
	DE GERBES.	DE SEIGLE exprimée en hectolitres.	DE SEIGLE exprimée en kilogrammes.	DE PAILLE exprimée en kilogr.	DU GRAIN à 12 francs l'hectolitre.	DE LA PAILLE à 22 francs le cent.	LABOURS à quatre chevaux.	ENSEMENCEMENT.	
AVANT LE DRAINAGE.									
	600	15	1050	3300	180f	132f	Deux labours à 30f l'un..... 60f Hersage 5 65	30f	237f
APRÈS LE DRAINAGE.									
	1200	42	3024	7000	546f (13f l'hect. à cause de son poids.)	322f (23f le cent à cause de son poids.)	Deux labours à 2 chevaux et à 20f l'un..... 40f Hersages 15 55	30f	783f
							Différence en plus..		546f

» Le drainage exécuté par les Anglais ayant coûté 235 fr.
» l'hectare, il reste donc un boni de 311 fr.

» Partout nous avons trouvé d'aussi beaux résultats » que ceux dont je viens de parler. Je ne puis pourtant » résister à citer un dernier exemple. Sur un versant de » colline, à la partie la plus basse de la pente, la terre, » noyée par l'eau de temps immémorial, ne produisait

» que des joncs que l'on emportait à l'aide de civière, » car les chevaux s'y seraient enfoncés à n'en jamais » sortir. Cette récolte, comme valeur vénale, n'en avait » aucune.

» Le drainage de cette terre fut terminé à la fin de » janvier : le 4 mars, une charrue attelée de *six chevaux* » la labourait, elle était asséchée. Elle fut semée en » avoine, et, malgré son défrichement si nouveau, elle » donna huit cents gerbes.

» Dans un cinquième environ de cette pièce, les racines » des roseaux n'ayant pas eu le temps de se consommer, » la semence ne leva point. »

Suit le tableau donnant les résultats et les prix des opérations.

	QUANTITÉ				VALEUR		FRAIS de CULTURE.	PRODUIT NET.
		DE GRAINS						
POUR UN HECTARE.	DE GERBES.	exprimée en hectolitres.	exprimée en kilogrammes.	DE PAILLE exprimée en kilogrammes.	DU GRAIN à 6 francs l'hectolitre.	DE LA PAILLE 18 francs les cent bottes de 7 kil. 500 gr.		
	800	52	2496	3200	312f	76f	Un labour à 6 chevaux et à 40 f.. ci.... 40f Hersages..... 10 Semence 15 65	323f

« Le drainage que j'ai exécuté étant, à cause de la » difficulté du travail, revenu à 250 fr., il reste encore » de produit net 73 fr.

» Le 4 et le 5 octobre une tempête horrible s'éleva, » l'eau tombait à torrents, et toutes les sorties des maî- » tres drains la vomissaient à grands flots. Cependant » l'orage se calma, la pluie cessa. Toutes les terres en- » vironnantes miroitaient au soleil; les champs drainés » au contraire étaient noirs et ternes. Seize heures après » les dernières gouttes tombées, quatre *petites charrues,* » *attelées chacune de deux chevaux,* enterraient le blé » répandu par les semeurs, tandis que nos voisins ne » purent entrer dans leurs terres qu'après quatre jours » de beau temps, et furent obligés de mettre *quatre che-* » *vaux* à leurs *lourdes charrues.* » (Comte de Rougé.)

Après avoir envisagé le drainage sous toutes ses faces favorables, il faut prévoir ce qui pourrait le rendre nul, quand il a été bien exécuté ; l'*oblitération* des tuyaux.

« Je n'ai pas le moindre doute que des drains de ce » genre ne continuent à fonctionner parfaitement pendant « une suite de générations. » (Stephens.)

« La durée du drainage est indéfinie lorsque cette opé- » ration a été faite avec soin et dirigée avec intelligence. » *La fumure d'un hectare ne revient-elle pas à plus de* » *200 fr.?... et il faut recommencer tous les trois ans.* Le » drainage d'un hectare ne coûtera pas autant, et son » effet durera quinze fois plus longtemps.

» Les drains établis avec des pierres sont plus sujets » à s'engorger que les drains établis avec des tuyaux. » (Comte de Vigneral.)

« Dans certaines terres où l'oxide de fer abonde, et » qui sont assez nombreuses dans plusieurs contrées de » l'Angleterre, les eaux égouttées dans les drains y ont » porté des dépôts *ocreux* qui ont pu les engorger ; cet » accident s'est particulièrement manifesté relativement » aux tubes de *petit diamètre,* $0^m,025$ à $0^m,033$. On est » d'accord pour conseiller l'emploi dans ce cas de tubes

» ayant au moins 0m,051, auxquels on donne *le plus de* » *pente possible* en profitant des inclinaisons de terrain.[1] » (Payen.)

M. Payen ajoute aussi une autre cause bien connue d'obstruction, les racines des arbres qui s'introduisent dans les drains. Nous citons avec d'autant plus de soin un nom aussi considérable et aussi justement respecté, que son opinion est corroborée par tout ce qu'il a dit à une époque où le nom de *drainage* était inconnu. Les dissertations de MM. Payen et Hericart de Thury, sur la propriété physique des sols, sur la capillarité, sur l'humidité et la porosité, sur l'influence du sol et sur son desséchement, donnent au drainage perfectionné un très-solide appui.

Avant M. Payen, Parkes avait signalé ces ennemis redoutables dont j'ai déjà parlé. « Heureusement, ajoute ce » dernier, les cas sont rares et l'étendue limitée. »

« Je fus consulté là-dessus, d'une manière toute par- » ticulière, par le duc de Richemont, président de la » commission de la chambre des lords, lorsque fut pro- » posé le bill qui consacre une certaine somme du budget » à l'encouragement du drainage. La question était : « *La* » *conduite en pierre s'obstrue-t-elle invariablement lorsque* » *l'eau est imprégnée de fer ?* » Ma réponse fut : « *Je ne* » *mets pas en doute que les substances ferrugineuses, comme* » *j'en ai souvent rencontrées, mêlées à l'eau de drainage ne* » *puissent obstruer une conduite en pierre.* » (Parkes.)

Stephens signale encore les incrustations de chaux[2],

[1] Le protoxide tenu en dissolution dans de l'eau se transforme, au contact de l'air, en un peroxide insoluble. (De Vigneral).

[2] Le carbonate de chaux tenu en dissolution dans certaines eaux, se dissout par un excès d'acide carbonique, lorsque les eaux arrivent à l'air libre. (Id.)

le sable fin, et les dérangements amenés par les taupes qui recherchent les vers de terre, ces *autres moyens de drainage*.

J'ai déjà parlé du drainage de Drayton-Manor. Parkes ayant reconnu que des tuyaux de 20 millimètres, employés dans des terrains analogues, non-seulement ne s'engorgeaient pas, mais donnaient de l'eau à *gueule pleine,* dans un fossé qu'il fallait nettoyer tous les ans, une ou deux fois, résolut d'employer de *semblables tuyaux* avec colliers. — Il fit relever les drains faits de tuiles courbes avec et sans semelles. Ils étaient tous obstrués et principalement aux extrémités en contact avec l'air, par la composition dont j'ai donné l'analyse. « On voit cette substance sor- » tir des ouvertures des conduits, sous forme de *petites* » *massses légères floconneuses et flottantes*, qui se préci- » pitent lorsque l'eau est calme, ou qui sont facilement » arrêtées le long des herbes, des pierres, etc. C'est ce » qui a fait croire à quelques personnes que c'était là une » substance végétale qui poussait dans les tranchées. » (Parkes.)

Les tuiles ayant été remplacées par des tuyaux de $0^m,025$ placés plus profondément et *engainés* dans de plus gros, ces tuyaux n'amenèrent pas un grain de sable et n'offrirent plus de trace de cette matière *gluante* et *onctueuse* due à la présence du *peroxide de fer*.

Parkes attribue ce succès au drainage profond qui n'admettait plus que l'eau, et à la rapidité de l'écoulement. » Ceci me confirma puissamment dans mon espoir que » mes conduits resteraient toujours libres, si je les cons- » truisais de manière à n'admettre que l'eau, et comme » éléments terreux, rien que les sels qu'elle peut tenir » chimiquement en dissolution ; auquel cas il était évi- » dent que je réduisais l'ennemi à se voir disputer à peu » près *les trois quarts de sa force,* en même temps que

» je dirigeais contre lui *un courant d'eau plus resserré à* » *raison des petites dimensions du conduit.* »

On voit que, sous ce rapport, deux hommes éminents sont en divergence; Parkes veut des tubes de 0m,025, Payen les demande de 0m,051, ce qui fait le double. Les raisons données par Parkes semblent concluantes; l'expérience faite depuis qu'il a opéré, peut donner du poids à l'opinion de M. Payen.

La profondeur et les tuyaux engainés l'un dans l'autre sont aussi le meilleur préservatif contre les racines d'arbres, dont on ne peut complètement se défendre, qu'en tenant les drains à une distance de 10 mètres environ. Le frêne, le châtaignier, le saule, l'orme, l'acacia, tous les bois blancs, trembles et peupliers, les sureaux, sont les plus à craindre. On croit, du reste, que rien ne résiste à la force de ce *chevelu* qui s'insinue par les moindres petits trous et se développe en *queue de renard* dans tous les conduits de fontaine. On doit établir dans les environs des plantations des *regards en pierres* qui permettent d'explorer de temps à autre le jeu des drains.

L'importance du plan général de drainage se comprend en ces circonstances. Chaque ligne de drain étant déterminée d'une manière fixe, il devient très-facile de faire des fouilles de place en place, en cas d'obstruction, et de relever les parties défectueuses.

D'autres racines que celles des arbres s'introduisent quelquefois dans les tuyaux (sir Robert Banks cite, entre autres, celles de l'*Equisetum palustre*); on en a trouvé dont la plante-mère n'a pu être reconnue. Les tuyaux n'étaient qu'à 76 centimètres de profondeur. Dans presque tous les tuyaux obstrués par le peroxide de fer ou par des racines, on a remarqué beaucoup de terre, ce qui montre que le premier soin à prendre est d'*empêcher la terre de pénétrer dans les drains par les joints.*

Le drainage trouve un puissant *auxiliaire* dans le *ver de terre.* M. Beart est le premier qui ait signalé son précieux concours. « Le ver aime les sols moites mais pas trop » saturés d'eau ; il se multiplie rapidement en terre après » le drainage, et préfère un sol traité par un drainage » profond. » (Parkes.) Au premier abord on ne peut prendre la chose au sérieux, mais elle est positive.

Il n'est personne qui n'ait rencontré souvent sur son chemin, le matin et le soir, ces petits monticules de terre fine amenée à la surface par les vers qui montent et descendent dans toute la couche végétale, établissant de petits conduits par où l'eau pénètre dans le sol. M. Hammond, dans le comté de Kent, a fait des recherches auxquelles chacun pourra se livrer. Dans un champ profondément drainé, il remarqua que les trous des vers descendaient jusqu'au niveau des tuyaux. Beaucoup de ces trous étaient assez grands pour recevoir le petit doigt.

Toutes les mesures prises par l'administration doivent faire espérer que le drainage recevra beaucoup d'extension dans ce département. M. le comte Malher, préfet de la Moselle, secondé par M. Boulangé, ingénieur, chargé du service hydraulique délègue, sur la demande qui lui est adressée, un agent pour lever les plans et suivre les travaux de drainage. Déjà, MM. Ardant, colonel, directeur du génie, propriétaire de la *Tuilerie* près Faulquemont ; Jacquin, à Scy ; Gusse, à Luppy ; Huot, à la Grange-au-Bois, et plusieurs autres personnes ont fait, ou se disposent à faire des essais. A la Tuilerie, M. le colonel Ardant a soumis au drainage environ 7 hectares de terres et prairies basses. L'exécution, due aux soins de M. Barbey, en est parfaite, et le succès complet (Pl. V). Les drains ont coulé pendant tout l'hiver et donnent encore beaucoup d'eau. Un ruisseau qui devient *fossé de vidange,* occupe la partie basse et sert de décharge aux drains *collecteurs* B, C, D, et aux petits drains A, selon les dispositions des pentes. Le plus grand obstacle qu'ait rencontré M. Ardant était la mauvaise volonté des propriétaires inférieurs qui, craignant de voir leurs prairies se dessécher, ne permirent pas d'approfondir le canal de *vidange*. La difficulté d'obtenir des voisins l'écoulement des eaux, se produira partout; le temps et l'intervention de la loi finiront sans doute par la faire disparaître. Lorsque l'on aura constaté, après les chaleurs de l'été, les résultats du drainage de *la Tuilerie,* on se rappellera qu'au printemps ses terres et ses prairies étaient *parfaitement sèches* et *arrosées,* tandis que toutes les autres étaient couvertes d'*eau stagnante;* on verra sur les unes de beaux et bons foins, des roseaux et des plantes aquatiques partout ailleurs.

Les ouvriers se sont vite habitués au maniement des outils spéciaux confectionnés par un maréchal de Faulquemont, et les tranchées sont bien creusées. M. Barbey emploie les *tuileaux,* et il se propose de faire fabriquer des *demi-manchons* qui se placeront au-dessus des tuyaux.

Quoique dépassant encore les limites voulues, par suite de l'inexpérience de ces sortes de choses, les frais sont restés en dessous des prévisions. M. Gusse, de Nomeny, a fait travailler également sur une assez grande étendue de terrain à Luppy.

Il ne faudrait pas s'en rapporter au tableau statistique donné dans les bulletins du Comice (T. V, p. 28, 1851), pour connaître la quantité d'hectares susceptibles d'être *assainis par le drainage* dans le département de la Moselle. Le nombre de 23960 hectares, indiqués à ce tableau, sur 532000 hectares qui constituent la superficie du département, ne peut comprendre que les terrains marécageux et tout-à-fait improductifs dans lesquels figurent déjà 6541 hectares de landes, pâtis et bruyères.

Je ne me livrerai point à des calculs statistiques spéciaux

que je laisse à de plus experts, mais je prends le relevé fait par M. Raillard pour le département de la Meuse, et je le mets en regard de la situation de la Moselle.

1° Terres dont le *genre actuel de culture ne s'oppose pas* au drainage :

	MEUSE.	MOSELLE.
Terres labourables.	344641h	303913h
Prés	49426	45597
Vignes	13250	5291
Vergers, pépinières et jardins .	6120	11920
Cultures diverses	12	88
Landes, pâtis et bruyères . . .	10889	6591
Total.	424328	373400

2° Terrains auxquels le drainage ne peut être appliqué en raison de leur *nature* actuelle qui pourrait être modifiée :

	MEUSE.	MOSELLE.
Forêts domaniales	34142h	49899h
Bois communaux et particuliers	147775	92228
Oseraies, aulnaies, saussaies. .	158	228
Total.	182075	142355

3° Terrains auxquels le drainage ne peut être appliqué en raison de leur *destination* :

	MEUSE.	MOSELLE.
Rivières et ruisseaux.	2426h	2576h
Étangs, mares, abreuvoirs . . .	2465	564
Routes, chemins, rues, places, etc.	9688	12232
Carrières et mines.	148	»
Bâtiments particuliers	1639	1477
Cimetières, églises, bâtiments publics	331	895
Total.	16697	17744

M. Raillard compte pour la Meuse, 205 000 hectares susceptibles d'être drainés avec un grand avantage.

Je laisserai aux géologues le soin d'analyser, couche par couche, le département de la Moselle, et aux statisticiens le soin de calculer les diverses natures de son sol ; il suffit de répéter ici : « Partout où l'on verra une cul-» ture en ados ou billons élevés comme est celle de ce » pays, on ne risquera pas de se tromper en procla-» mant le drainage nécessaire. » Ce mode de culture est appliqué à peu près aux 373400 hectares de terres dont le genre de production ne s'oppose pas au drainage. Nous ne craignons pas de porter à la bonne moitié, ou à 186 000, les hectares susceptibles de recevoir cette amélioration.

VII.

Manuels et Traités pratiques. — Ecrits divers.

Si j'ai réussi à montrer ce qu'est le DRAINAGE, quel est son état en France, et combien il l'emporte déjà sur les anciens modes d'ASSAINISSEMENT ; si tous les faits et les noms que j'ai invoqués valent pour l'avenir de nombreux partisans à cette MERVEILLEUSE INVENTION DES TEMPS MODERNES, il me reste cependant à donner encore la liste des traités et des écrits connus jusqu'à ce jour comme les plus capables d'assurer la perfection de sa pratique dans le département de la Moselle.

STEPHENS (H.). — *Manuel pratique du drainage.* — Traduit de l'anglais par Fred. d'Omalius, et suivi d'une notice sur le drainage, par J.-M.-J. Leclerc, sous-ingénieur des ponts-et-chaussées. — In-12 (240 et 87 pages, tableaux, plans et figures), Bruxelles, 1850, 1 fr. 10 cent. — Il existe une autre traduction par Faure. — In-8°, Paris, 6 fr.

Très-détaillé et fort complet; seul ouvrage de fond jusqu'à présent.

Parkes (Josias). — *Du drainage profond.* — Traduit de l'anglais par Saint-Germain-Leduc. — In-12 (36 pages sans figures), Paris, publié à la suite de Naville, 1849; journal d'Agriculture pratique, T. I, 3e série, p. 421, 1850. Très-remarquable et indispensable. M. Thackeray en a tiré bon parti.

Thackeray (T.-J.). — *Observations sur le desséchement et l'assainissement des terres.* — In-8o (31 pages, figures), Paris, 1846, 1 fr. — *Philosophie et art du drainage.* — In-8o (95 pages, tableaux), Paris, 1849; journal d'Agriculture pratique, T. IV, 2e série, p. 398. M. Thackeray a contribué beaucoup à faire connaître le drainage en France.

Payen, membre de l'institut et de la société centrale d'agriculture, etc., etc. — *Du drainage en Angleterre.* — Rapport au gouvernement; Moniteur du 13 octobre 1850; journal d'Agriculture pratique, T. I, 3e série, pages 643-647. — *Propriété physique des sols, capillarité, etc.*; journal d'Agriculture pratique, T. I, p. 39. — *Humidité, porosité, etc.*, p. 82.

Hericard de Thury (le vicomte), de l'Académie des sciences. — *Du sol et de son influence;* journal d'Agriculture pratique, T. I, p. 47. — *Travaux particuliers pour le desséchement des terrains inondés*, p. 136-147, 1834.

Naville (Jules). — *De l'assainissement des terres et du drainage.* — In-12 (84 pages, plans et figures), Paris, 1849; journal d'Agriculture pratique, T. III, 2e série, p. 489; VI, 2e série, p. 252-481; I, 3e série, p. 63. — A la suite de ce traité est publié le *Drainage profond de Parkes.*

Mertens (le baron). — *Faits et observations sur l'utilité du drainage perfectionné.* — In-8o (20 pages), Bruxelles, 1849. Résumé très-complet.

Leclerc (J.-M.-J.), sous-ingénieur des ponts-et-chaussées, directeur du service du drainage en Belgique. — *Notice sur le drainage des terres.* — In-12 (87 pages, tableaux, plans et figures) à la suite de Stephens. — *Rapports sur les opérations de drainage entreprises en Belgique.*—1° in-8° (33 pages), Bruxelles, 1850; 2° in-8°, (30 pages), 1851; 3° in-4° (51 pages, tableaux et plans), 1852. La notice de M. Leclerc et ses rapports constituent un cours complet de drainage pratique.

Raillard (Emile), ingénieur des ponts-et-chaussées, chargé du service hydraulique dans le département de la Meuse.—*Du drainage et de son application aux terrains du département de la Meuse.*—In-8° (62 pages), Bar-le-Duc, 1852.

Sarthe (le département de la). — *Instruction sur le drainage.*—In-12 (86 pages, tableaux), le Mans, 1851. Publiée sous les auspices de la commission hydraulique, cette instruction doit être recommandée.

Vigneral (le comte de).—*Drainage.*—Résumé fort succinct et très-bon, publié dans les Bulletins de l'Académie nationale agricole de Paris, 22e année, 1852, p. 121-454.

Lupin. — *Note sur le drainage, par un praticien.* — (5 pages). Reproduite dans le bulletin du Comice de Metz, T. VI, p. 44, 1852.

Vitard (A.), agent voyer en chef de l'arrondissement de *Beauvais,* secrétaire de la commission de drainage. —*Traité sur l'aménagement des eaux en général, sur les irrigations et sur le drainage, etc., etc.* — Suivi du projet et réglement de l'association agricole de drainage du département de l'Oise.—In-8° (27 pages, planches et figures), Beauvais, 1851, 3 fr.

Villeroy, cultivateur à Rittershoff, membre honoraire de la Société Agricole de l'est de la Belgique. — *Manuel de l'irrigateur* (Villeroy et Muller).—In-8° (384 pages, 121 planches), Paris. — *De l'eau et de son action sur les diverses natures de sols;* journal Agricole pratique, 2e série, IV, 545. — *Préparation du sol des prés arrosés*, 593; V, 257-305-353-401-449-497-545. — *De la jouissance en commun de l'eau*, VI, p. 1. Quoique ces articles ne soient point spéciaux pour le drainage, ils s'y rattachent par leur nature, et ont une grande importance.

Lefour, inspecteur général d'agriculture en France. — *Du drainage en Belgique.* — Rapport au ministre; Moniteur du 13 octobre 1850; journal Agricole pratique, 3e série, I, 627-629.

Tocqueville (le comte de). — *Du desséchement des marais et de la police des eaux.*

Gomart (Charles), de Saint-Quentin. — *Le drainage au Charmel* (Aisne). — Rapport sur les travaux exécutés sur 40 hectares par M. le comte de Rougé; journal l'Illustration, 30 août, 9 septembre et 11 octobre 1851.

Gourcy (le comte de). — *Vulgarisation du drainage en Angleterre;* journal agricole pratique, 2e série, VI, 295. — *Drainage à Hohenheim*, 3e série, VI, 190.

Omalius (Fréd. d'). — Traduction avec notes du manuel de Stephens ci-dessus.

Saint-Germain-Leduc. — Traduction de Parkes ci-dessus.

Laure (Henri). — *Observations en faveur du drainage ancien contre le drainage perfectionné.* — Académie nationale agricole de Paris, 1852, p. 390.

Maison Rustique. — Journal d'agriculture pratique de 1844, I, 39, propriétés physiques des sols. — 82, humidité, porosité (Payen). — 47, du sol et de son influence. — 136-147, desséchement des terrains inondés (vte Héricard de Thury). — 2e série, III, 489, du drainage (Naville) 1846. — IV, 545, de l'eau et de son action sur les diverses natures de sols. — 593, préparation du sol des prés arrosés. — V, 257-305-353-401-449-497-545. — VI, 1, de la jouissance de l'eau en commun (Villeroy). — 2e série, V, 539, heureuse influence du drainage (le docteur Brown Sequard). — 548, direction pratique pour les irrigations (Puvis). — VI, 295, vulgarisation du drainage en Angleterre (cte de Gourcy). — VI, 352-481; — 3e série, I, 63, de l'assainissement des terres et du drainage (Naville). — 421, drainage profond (Parkes, trad. par Saint-Germain). — 627, du drainage en Belgique, 1850 (Lefour). — 643, du drainage en Angleterre, 1850 (Payen). — V, 122, emploi des tuyaux en France avant 1620 (Hamoir).

Barral. — *Drainage des terres arables,* 3e série, V, 69. — *Fabrication des tuyaux de drainage,* 313. — *Machines,* 397. — VI, *établissement d'une fabrique,* 45, 108, 193.

Rougé (comte Louis de). — Lettre sur le drainage (12 pages). — Expériences concluantes sur 80 hectares.

Voyez encore: Olivier de Serres — Thaer — Rozier — Fellenberg — Varenne de Fenille — Dombasle — Walter Blight, l'*Améliorateur anglais amélioré,* 3e édition, 1652. Travanet (marquis de). — Rudiment agricole, in-12 (314 pages), Paris, 1846. — De Saint-Venant — Gareau — Lauret [1] — de Rothschild (le baron de) [2].

[1] M. Lauret a repris en 1849 la fabrique de tuyaux de M. Gareau, à la Chapelle-Gauthier (Seine-et-Marne). — Il emploie la machine Clayton et donne la préférence à celle de Scragg. — Les tuyaux qu'il fait confectionner ont 35, 45, 60 et 75 millimètres. — Déjà il a drainé, dans les départements de Seine-et-Marne et Seine-et-Oise près de 200 hectares par portions de 15 à 18 hectares au plus.

[2] M. de Rothschild a fait drainer près de 200 hectares au prix de 250 fr. environ. Il se réserve 5 p. % ou 12 fr. 50 c. des bénéfices par hectare, et ses fermiers profitent du surplus qui est généralement supérieur à cette somme.

ERRATA.

PAGES.	LIGNES.	FAUTES.	CORRECTIONS.
9	30	cellecteur	collecteur
10	3	*4* centimètres	8 centimètres
12	24	*au* dehors	aux dehors
13	32	notions *historiques*	notions théoriques
16	17	et prouvant	et en prouvant
	32	de Scitiveaux	de Scitivaux
17	10	Indre-et-Cher;	Indre et Cher;
	23	Seine-et-Loire;	Saône-et-Loire;
	27	Gareau (Emile),	Gareau (Eugène),
18	31	Idem.	Idem.
21	28	Parkes,	Parker,
23	16	Waroqué	Warocqué
27	19	en E, F, H, I,	en E, F ou en H, I,
30	32	6 1/2 degrés... 5°,5,	6 1/2 degrés... 5°,5 Centigrade,
35	5	5 millimètres cubes;	5 millimètres;
36	17 et suiv.	degrés	degrés Fahrenheit
	28	6890 hectolitres	6890 mètres cubes
37	Tableau	thermomètre	thermomètre de Fahrenheit
38	19	975 litres	975 livres
	20	par arpent.	par arpent, en 24 heures.
	29 et suiv.	degrés	Fahrenheit
39	2	13° 1/2.	13° 1/2 Fahrenh. ou 7°,50 Centigrade.
42	15	Bligh	Blight
43	32	1,97 1/2	1,27 1/2.
49	31	centimeters	centimètres
51	20	les loger	loger les conduits
55	7	$0^m,30$	$0^m,40$
60	27	Barbay	Barbey
71	31	oomte de Gourcy,	comte de Gourcy,
78	5	charriot	chariot
98	33	6541	6591

TABLE DES MATIÈRES.

EXPLICATION DE LA PLANCHE.

1. Fossé en cours rempli en partie de pierres perdues. Tas à pierre. — Pierrée. — Sole. — Coulisse.
2. Id. rempli de branchages.
3, 4, 5. Id. rempli en partie de pierres disposées en aqueducs. — Cons. — Solles. — Coulisses. — Ouïes. — Nocs.
6. Id. rempli en partie de branchages supportés par des bois en croix.
7. Tuiles avec semelles, disposées dans le fond des tranchées.
8. Tuyau en forme de [illegible], avec semelle.
9. Id. en forme ovale.
10. Id. circulaire avec Collier ou Manchon.
11. Fossé entier garni de tuyaux.
12. Coupe d'un sillon dans les entre-deux duquel sont placés les drains à [illegible] de distance l'un de l'autre.
   C. Point central au-dessous de la couche cultivée et végétale.
   D. Point central dans le sous-sol.
   E, F. Tuyaux enfoncés au fond de tranchées de 1m [illegible] de profondeur.
   CE, CF. Lignes de pente ou plans d'écoulement que suit l'eau pour arriver aux tuyaux, parce qu'elle ne peut traverser le sous-sol CL.
   H, I. Tuyaux placés au fond des tranchées, à 1m,20 de profondeur.
   DH, DI. Lignes de pente ou plans d'écoulement que suit l'eau pour arriver aux tuyaux, parce qu'elle ne peut traverser l'épaisseur du sous-sol DL.
   L. Point central pris dans le sous-sol, sur la perpendiculaire CL.
   M. Partie du sous-sol drainée par les tuyaux E, F, situés, [illegible], etc.
   N. Partie nouvelle du sous-sol drainée par les tuyaux H, I.
   O. Sources ou nappes d'eau.
   P. Point où passe l'eau pour s'élever à la surface.
   R. Sommet [illegible], dans le sol [illegible].
   RA, RB. Lignes de pente ou plans d'écoulement que l'eau suit pour couler dans les entre-deux.
13, 14, 15. Bêches ou Pelles pour creuser les tranchées.
16. Pic à [illegible] pour creuser les tranchées.
17, 18. Écopes et Curettes pour nettoyer les tranchées.
19. Crochet pour poser les tuyaux.

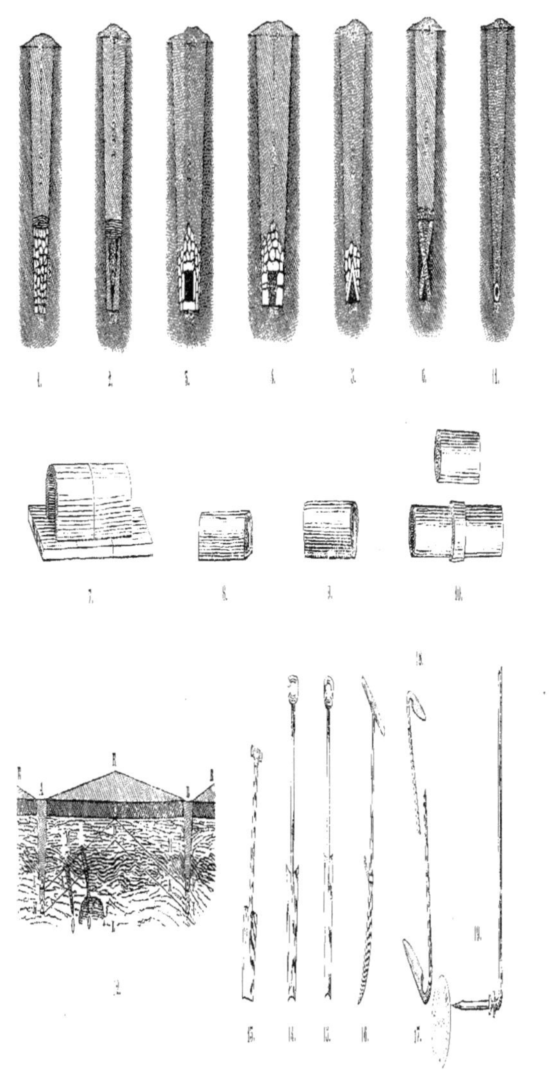

Imprimerie S. Lassort.

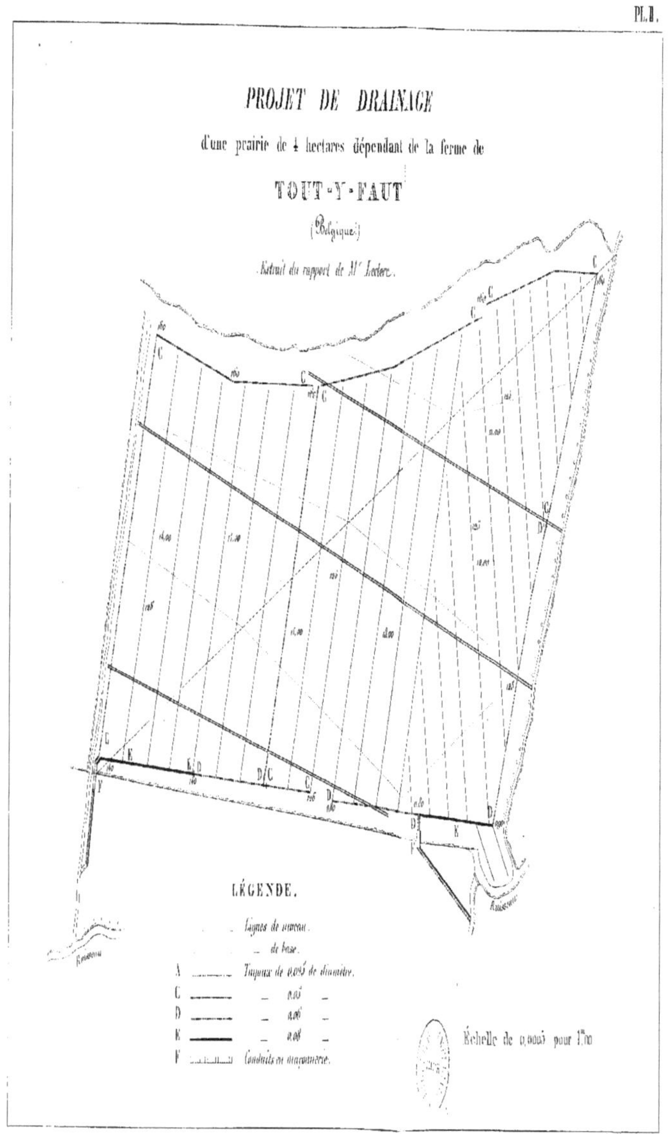
PROJET DE DRAINAGE
d'une prairie de 4 hectares dépendant de la ferme de
TOUT-Y-FAUT
(Belgique)
Extrait du rapport de M.r Leclerc.
Ruisseau
Ruisseau
LÉGENDE.
Lignes de niveau.
de base.
A Tuyaux de 0,025 de diamètre.
C 0,03
D 0,06
E 0,08
F Conduits en maçonnerie.
Échelle de 0,0005 pour 1m,00

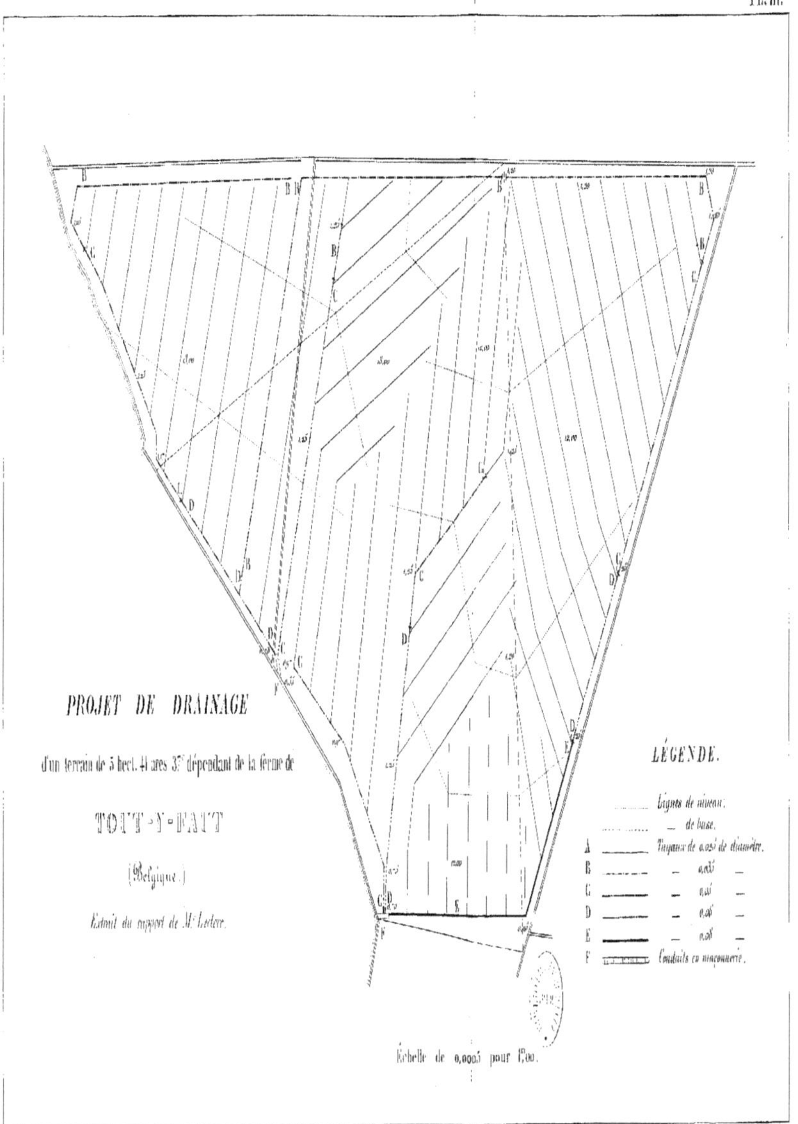
PROJET DE DRAINAGE
d'un terrain de 5 hect. 41 ares 37c dépendant de la ferme de
TOUT-Y-FAIT
(Belgique.)
Extrait du rapport de Mr Leclerc.
LÉGENDE.
Lignes de niveau.
— de base.
A Tuyaux de 0,025 de diamètre.
B — 0,035 —
C — 0,05 —
D — 0,06 —
E — 0,08 —
F Conduits en maçonnerie.
Échelle de 0,0005 pour 1,00.

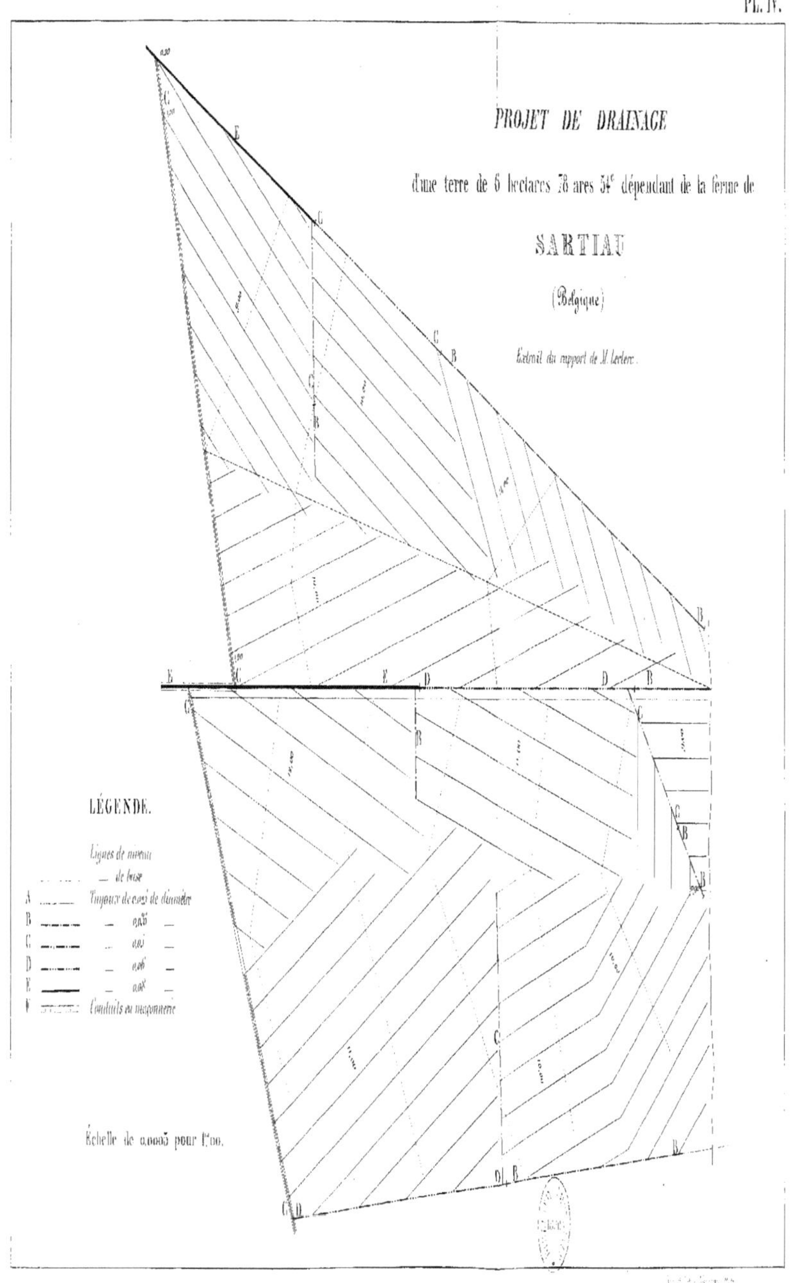
PROJET DE DRAINAGE
d'une terre de 6 hectares 78 ares 54c dépendant de la ferme de
SARTIAU
(Belgique)
Extrait du rapport de M. Leclerc.
LÉGENDE.
Lignes de niveau
— de base
A Tuyaux de 0,03 de diamètre
B — 0,035 —
C — 0,05 —
D — 0,06 —
E — 0,08 —
F Conduits en maçonnerie
Échelle de 0,0005 pour 1m00.

Partie du DRAINAGE exécuté ou en cours d'exécution sur le territoire de Faulquemont, [illegible] dans les propriétés de M. Ardant, Colonel Directeur des fortifications, sous la direction de M. P. Barbey, [illegible] PL. V.

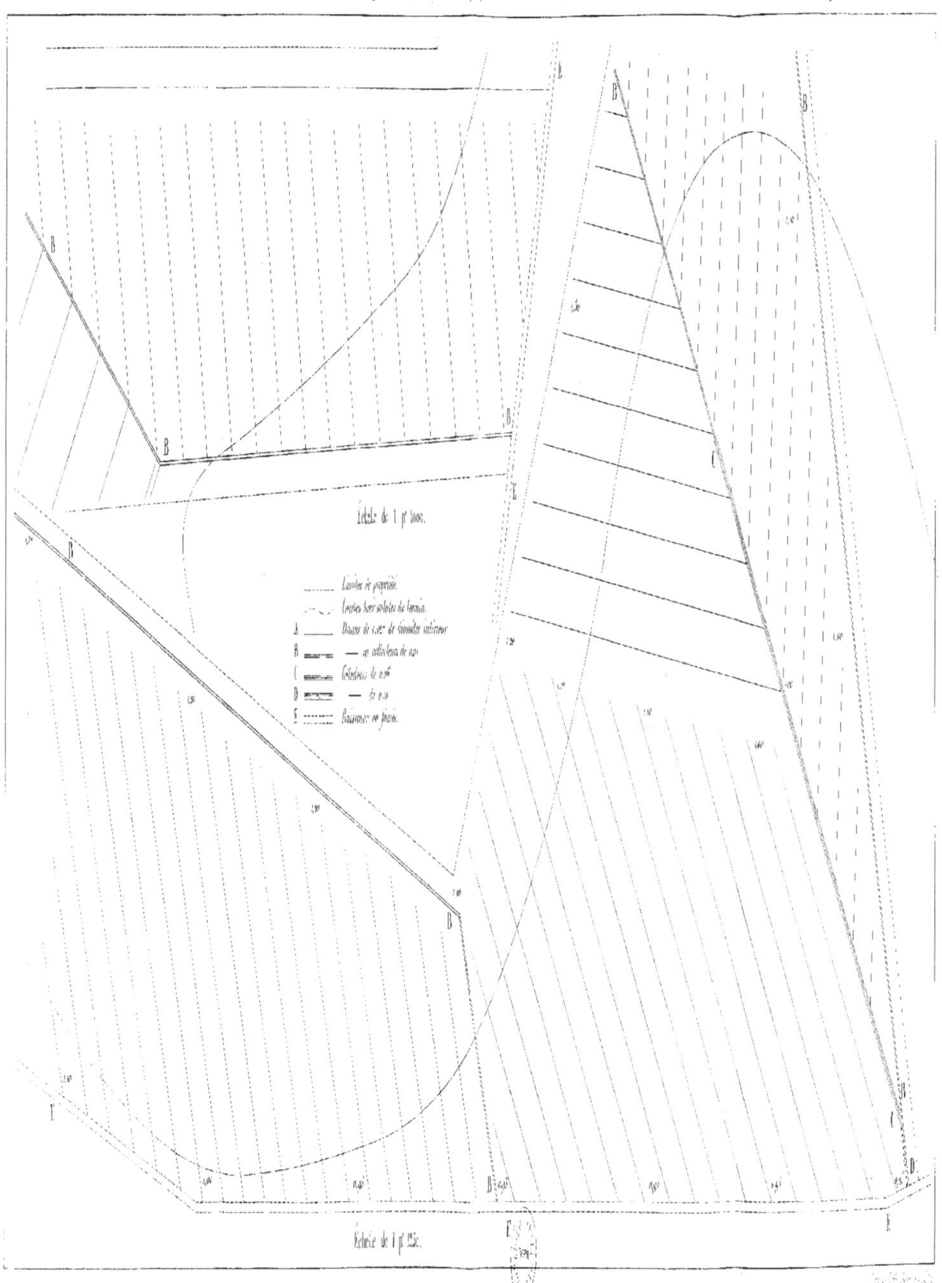

www.ingramcontent.com/pod-product-compliance
Lightning Source LLC
LaVergne TN
LVHW050631060726
842527LV00004B/1266

* 9 7 8 2 3 2 9 2 9 6 1 3 5 *